高职高专实验实训规划教材

无机化学实验

主　编　邓基芹
副主编　李玉清　解旭东
主　审　穆念孔

北　京
冶金工业出版社
2010

内 容 提 要

　　本书为与高职高专规划教材《无机化学》配套的实验教材。全书分为 4 章:第 1 章为无机化学实验基本知识,第 2 章为无机化学基本操作技术,第 3 章为无机化学基本实验,第 4 章为无机化学综合实验。在具体实验编排方面,按照循序渐进的原则,实验内容与高职高专规划教材《无机化学》内容安排基本一致。

　　本书可作为高职高专院校实验课教材,也可供非化学专业大学生参考。

图书在版编目(CIP)数据

　　无机化学实验/邓基芹主编. —北京:冶金工业出版社,
2009.9(2010.10 重印)
　　高职高专实验实训规划教材
　　ISBN 978-7-5024-4986-5

　　Ⅰ. 无… Ⅱ. 邓… Ⅲ. 无机化学—化学实验—高等学校:
技术学校—教材 Ⅳ. O61-33

　　中国版本图书馆 CIP 数据核字(2009)第 133894 号

出 版 人　曹胜利
地　　址　北京北河沿大街嵩祝院北巷 39 号,邮编 100009
电　　话　(010)64027926　电子信箱　yjcbs@cnmip.com.cn
责任编辑　宋 良 王 优　美术编辑　李 新　版式设计　张 青
责任校对　栾雅谦　责任印制　李玉山
ISBN 978-7-5024-4986-5
北京印刷一厂印刷;冶金工业出版社发行;各地新华书店经销
2009 年 9 月第 1 版,2010 年 10 月第 2 次印刷
787mm×1092mm　1/16;6.5 印张;170 千字;96 页
18.00 元
冶金工业出版社发行部　　电话:(010)64044283　　传真:(010)64027893
冶金书店　地址:北京东四西大街 46 号(100010)　　电话:(010)65289081(兼传真)
　　　　　(本书如有印装质量问题,本社发行部负责退换)

前　言

化学实验教学是整个化学教学过程中必不可少的环节,其作用不仅是验证理论课学习的理论知识,更重要的是希望通过科学实验方法和技能的训练,使学生学会对实验现象进行观察、分析和归纳总结,培养学生严谨的科学态度和良好的实验素养,提高独立分析问题、解决问题的能力,为后续课程和专业学习、技能培训打下坚实的基础。

无机化学实验是大学实验系列课程中的第一门实验课程,大多数学生在中学阶段受到的化学实验训练十分有限,大学阶段需要进行严格扎实的系统性实验工作训练,改变原来可能形成的不良习惯,因此在编写过程中注意到实验知识和实验内容的基础性和系统性,这对于学生形成良好的实验习惯、提高对化学实验的兴趣具有重要作用。

本书实验内容较多地涉及实验知识和技能的综合运用,探讨了实验内容的多样性、实用性和趣味性,"注意事项"和"思考题"部分有助于学生了解实验的重点,启迪学生思维,以便学生能更好地进行预习和实验工作。

书中大部分实验安排了自行设计实验内容。设计实验要求学生进行文献资料查阅、实验方案和用品选择、产物分析鉴定,有助于提高学生分析问题、解决问题的综合能力。

不同院校可以根据专业需要、实验室条件和教学学时,选择安排具体实验内容。

本书由山东工业职业学院邓基芹主编,山东铝业职业学院李玉清、山东工业职业学院解旭东任副主编。参加编写工作的还有张娜、赵启红、田华、陈久标、赵文泽、巩恩辉、孙亚南、孙永红。本书由山东工业职业学院穆念孔主审。

编写过程中参考了有关教材和专著,书后列出了主要参考文献,在此谨向这些作者表示感谢。

限于编者水平和时间,书中难免有不足与疏漏之处,恳请读者批评指正。

编　者

2009 年 4 月

目　录

0 绪　论

　　化学是一门以实验为基础的学科,许多化学理论和规律是对大量实验资料进行分析、概括、综合和总结而形成的。实验又为理论的完善和发展提供了依据。

　　化学实验是化学教学中的一门独立课程,其目的不仅是传授化学知识,更重要的是培养学生的实验技能和提高学生的素质。通过化学实验课,学生应获得下列技能:掌握基本操作,正确使用仪器,取得正确实验数据,正确记录和处理实验数据以及总结实验结果;认真观察实验现象进而进行分析判断、逻辑推理和得出结论;正确设计实验(包括选择实验方法、实验条件、所需仪器、设备和试剂等)和解决实际问题;通过查阅手册、工具书和其他信息源获得信息。教师应把培养学生实事求是的科学态度、勤俭节约的优良作风、相互协作的精神和勇于开拓的创新意识始终贯穿于整个实验教学中。

1 无机化学实验基本知识

1.1 无机化学实验目的和要求

无机化学实验是学习和掌握无机化学知识和技能的重要环节,其研究对象可概括为:以实验为手段来研究无机化学的重要理论、典型元素及其化合物的变化。通过实验达到如下目的:

(1)通过实验使学生获得关于元素及其化合物的感性认识,进一步验证、巩固和充实课堂上讲授的理论和概念,并适当地扩大知识面,从而对无机化学的基本理论、基本概念有更深入的了解。

(2)通过严格的基本操作、基本技能训练,使学生正确掌握无机化学基本操作技能,学会正确使用一些常用仪器设备,学会观察现象,测定数据并加以正确的处理和概括。

(3)通过实验了解无机化合物的制备、分离、提纯和鉴定的方法。

(4)通过实验培养学生独立工作、独立思考的能力,培养学生的科学精神、创新思维和创新能力,为后续课程的学习打下良好基础。

(5)通过实验培养学生严肃的科学态度、严谨的工作作风和优良的科学素质以及分析问题、解决问题的独立工作能力,收集和处理化学信息的能力,文字表达实验结果的能力以及团结协作的精神,使学生逐步掌握科学研究的方法,并树立勇于探索、敢于创新的科学态度。

1.2 无机化学实验内容和基本研究方法

无机化学实验是学生进入高校的第一门化学基础实验课,它既有启蒙教育的作用,又需要达到一定的高度。学生通过手脑并用、反复训练,既要达到正确掌握无机化学的基本操作方法和技能,又要通过实验获得大量的物质变化的第一手感性认识资料,在巩固、验证所学理论和元素性能的过程中学会一些无机化学实验的基本研究方法,学会驾驭理论与技能的思维方法,培养学生独立思考和独立工作的能力,养成认真观察、仔细思考、准确无误的记录等良好的工作作风和习惯。

1.2.1 无机化学实验的基本操作

无机化学实验的基本操作包括以下几个部分:

(1)基本操作部分。包括玻璃仪器的洗涤与干燥,酒精灯、电炉等热源的使用,不同加热方法(直接加热、间接加热等)的选择及操作,化学药品及试剂的取用方法等。

(2)试管反应操作。包括试剂的加入,试管的震荡与加热,滴管的使用。

(3)离子检出基本操作。包括溶液的转移,沉淀的生成、洗涤,离心机的使用,试纸(包括 pH 试纸、醋酸钾试纸、淀粉碘化钾试纸、高锰酸钾试纸等)的使用,颜色反应等操作。

(4)溶液配制。包括用于一般溶液配制的量筒、台秤、温度计、密度计等的使用以及用于标准浓度溶液配制的移液管、吸量管、容量瓶的使用,滴定管的选择与使用,天平的使用等。

（5）无机合成基本操作。包括固体的溶解、过滤（含常压过滤、减压过滤等）、蒸发与浓缩、结晶，气体的产生、净化及收集等。

（6）托盘天平、光电分析天平、电子天平、pHS－25型酸度计等仪器的使用。

1.2.2　无机化学实验的基本研究方法

（1）试管反应（定性研究）。包括反应及反应试剂的选择，反应条件的选择及控制（浓度、温度、加入顺序、用量以及溶剂等）；现象的观察（怎样改变条件使现象更明显，怎样进行对照比较等），反应和产物的确定（气、液、固物质的鉴定），主反应和副反应、连续反应和平行反应的识别，观察事实和理论的联系，化学反应的描述（包括化学反应方程式、反应现象的记录、产物的性质和状态等），能进行类比、对称、嫁接和转移性的实验设计。

（2）离子的检出（对化学反应进行分析判断的又一层次）。包括单个离子的是非判断，混合离子的分离及检出，特别是反应的选择性和方法的灵敏度等。

（3）合成及鉴定。包括提出方案（从材料的收集、筛选开始，经分析、比较和综合，最后提出具体方案），组织实施（根据方案进行实验，由结果确定、修改原方案）及产品鉴定（包括产率计算、质量评定等）等一系列过程。

（4）参数测定。利用相应的参数方程求参数（包括模型的建立，数据的收集及整理，误差分析及误差的预防等），能够用同一技术求不同的参数，或用不同的模型（技术）求同一参数。

1.2.3　无机化学实验的学习方法

要达到上述目的，不仅要有正确的学习态度，还需要有正确的学习方法。做好无机化学实验必须掌握如下几个环节：

1.2.3.1　预习

实验前的预习是保证做好实验的一个重要环节。预习应达到下列要求：

（1）阅读实验教材和教科书中的有关内容；

（2）明确实验的目的；

（3）了解实验内容、有关原理、步骤、操作过程和实验时应注意的事项；

（4）认真思考实验前应准备的问题；

（5）写好预习报告。

1.2.3.2　实验

学生应遵守实验室规则，接受教师指导，根据实验教材上所规定的方法、步骤和试剂用量来进行操作，并应做到下列几点：

（1）认真操作，细心观察，把观察到的现象或实验数据如实地详细记录在实验报告中。

（2）如果发现实验现象和理论不符合，应认真检查其原因，并细心地重做实验。

（3）实验中遇到疑难问题而自己难以解释时，可请教师解答。

（4）在实验过程中应该保持肃静，严格遵守实验室工作规则。

1.2.3.3　实验报告

做完实验后，应解释实验现象，并作出结论，或根据实验数据进行处理和计算，独立完成实验报告，交指导教师审阅。若有实验现象、解释、结论、数据等不符合要求，应重做实验或重写报告。实验报告书写时应字迹端正，简明扼要，整齐清洁。

1.2.4　实验室工作规则

进入实验室后,一切都要遵照实验室工作规则,应做到:

(1)遵守纪律,保持肃静,集中思想,认真操作。

(2)仔细观察各种现象,并如实地详细记录在实验报告中。

(3)实验时应保持实验室和桌面清洁整齐,废纸、火柴梗和废液等应倒在废物缸内,严禁倒入水槽内,以防水槽淤塞和腐蚀,碎玻璃应放在废玻璃箱内回收。

(4)爱护公共财物,小心使用仪器和实验室设备,注意节约水和电。

(5)使用药品时应注意下列几点:

1)药品应按规定量取用,如果书中未规定用量,应注意节约,尽量少用。

2)取用固体药品时,注意勿使其撒落在实验台上。

3)药品自瓶中取出后,不应倒回原瓶中,以免带入杂质而引起瓶中药品变质。

4)试剂瓶用过后,应立即盖上塞子,并放回原处,以免和其他瓶上的塞子搞错,混入杂质。

5)同一滴管在未洗净时,不应在不同的试剂瓶中吸取溶液。

6)实验教材中规定在实验做过后要回收的药品,都应倒入回收瓶中。

(6)使用精密仪器时,必须严格按照操作规程进行操作,细心谨慎,避免粗枝大叶而损坏仪器。如发现仪器有故障,应立即停止使用并报告指导教师,及时排除故障。

(7)实验后,应将仪器洗刷干净,放回规定的位置,整理好桌面,把实验台擦净,并打扫地面,最后检查水龙头是否关紧,电插头或闸刀是否拉开。实验室内一切物品(仪器药品和产物等)不得带离实验室。

1.2.5　实验室工作中的安全操作

在实验过程中,每个人都应注意安全,具体做到:

(1)一切有毒气体或有恶臭的物质的实验,都应在通风橱中进行。

(2)一切易挥发或易燃物质的实验,都应在离火较远的地方进行,并应尽可能在通风橱中进行。

(3)使用酒精灯,应随用随点,不用时盖上灯罩。不要用已点燃的酒精灯去点燃别的酒精灯,以免酒精溢出而失火。

(4)加热试管时,不要将试管口指向自己或别人,也不要俯视正在加热的液体,以免溅出的液体把人烫伤。

(5)在闻瓶中气体的气味时,鼻子不能直接对着瓶口(或管口),而应用手把少量气体轻轻扇向自己的鼻孔。

(6)浓酸、浓碱具有强腐蚀性,切勿使其溅在衣服、皮肤、尤其是眼睛上。稀释浓硫酸时,应将浓硫酸慢慢地注入水中,并不断搅动,切勿将水注入浓硫酸中,以免局部过热,使浓硫酸溅出,引起灼伤。

(7)每次实验后,应把手洗净方可离开实验室。

1.2.6　实验中意外事故的处理

在实验中如果不慎发生意外事故,不要慌张,应沉着、冷静、迅速处理。具体如下:

(1)烫伤:可用高锰酸钾或苦味酸溶液冲洗灼烧处,再擦上凡士林或烫伤油膏。

(2)受强酸腐蚀受伤:应立即用大量水冲洗,然后擦上碳酸氢钠油膏或凡士林。

（3）受浓碱腐蚀受伤：应立即用大量水冲洗，然后用柠檬酸或硼酸饱和溶液洗涤，再擦上凡士林。

（4）割伤：应立即用药棉揩净伤口，擦上龙胆紫药水，再用纱布包扎。如果伤口较大，应立即到医务室医治。

（5）火灾：如酒精、苯或醚等引起着火时，应立即用湿布或沙土等扑灭；如火势较大，可使用 CCl_4 灭火器或 CO_2 泡沫灭火器，但不可用水扑救，因水能和某些化学药品（如金属钠）发生剧烈的反应而引起更大的火灾。如遇电气设备着火，必须使用 CCl_4 灭火器，绝对不可用水或 CO_2 泡沫灭火器。

（6）遇有触电事故，首先应切断电源，然后在必要时进行人工呼吸。

2 无机化学基本操作技术

2.1 常用玻璃仪器的洗涤与干燥

2.1.1 常用玻璃仪器

  无机化学实验常用仪器之一如图 2-1 所示,无机化学实验常用仪器之二如图 2-2 所示,无机化学仪器之三如图 2-3 所示。

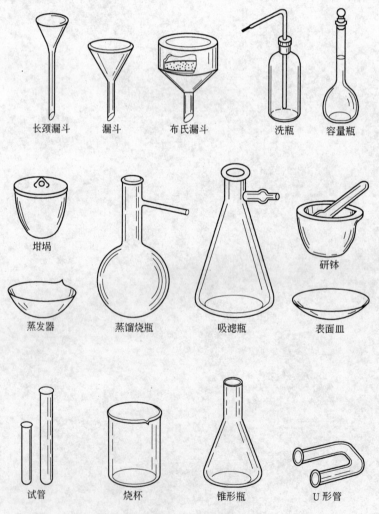

长颈漏斗 漏斗 布氏漏斗 洗瓶 容量瓶

坩埚   研钵

蒸发器 蒸馏烧瓶 吸滤瓶 表面皿

试管 烧杯 锥形瓶 U 形管

图 2-1 无机化学实验常用仪器之一

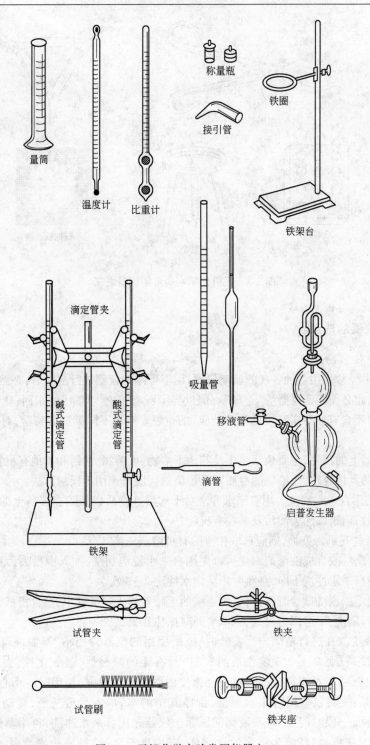

量筒　温度计　比重计　称量瓶　接引管　铁圈　铁架台

滴定管夹　碱式滴定管　酸式滴定管　吸量管　移液管　滴管　启普发生器　铁架

试管夹　铁夹

试管刷　铁夹座

图 2-2　无机化学实验常用仪器之二

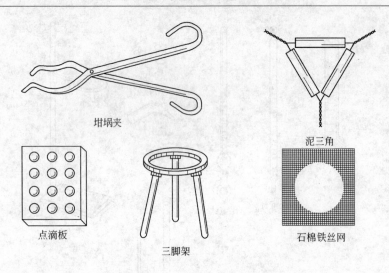

坩埚夹

泥三角

点滴板

三脚架

石棉铁丝网

图 2-3　无机化学实验常用仪器之三

2.1.2　玻璃仪器的洗涤

2.1.2.1　仪器的洗涤

化学实验中经常使用各种各样的玻璃仪器,用不干净的仪器进行实验时,必然会影响实验结果的准确性,因此必须保证仪器的"干净"。但世界上没有绝对"干净"的东西,化学上"干净"的含义主要是指"不含有妨碍实验准确性的杂质"的意思。对于不同类型的实验,对于"干净"的定义也不尽相同。

黏附在仪器上的污物,主要包括尘土及其他不溶物、可溶物、油污和其他有机物等三类,刷洗时应根据实验的具体要求、污染物的性质以及污染的程度来选用不同的方法:

(1)直接使用自来水刷洗。用自来水冲洗对于水溶性物质以及附在仪器上的尘土及其他不溶物的除去有效,但难以除去油污及某些有机物。

(2)对于某些有机污染物,则应选取相应的有机溶剂洗涤。

用去污粉、肥皂或合成洗涤剂刷洗。首先用自来水浸泡润洗,加入少量去污粉,用毛刷刷洗污处,最后再用自来水冲洗干净,必要时用蒸馏水冲洗 2～3 次。

注意:使用毛刷刷洗试管时,应将毛刷顶端的毛顺着伸入到试管中,用食指抵住试管末端,来回抽拉毛刷进行刷洗,不可用力过大,也不要同时抓住几只试管一起刷洗。

(3)用洗液洗。在进行精确定量实验时,或所使用的仪器口径小、管细、形状特殊时,应该用洗液洗涤。洗液(见 2.1.2.3 洗涤液的配制)具有强的酸碱性、强氧化性、去油污和有机物的能力较强的特性,但对衣物、皮肤、桌面及橡皮的腐蚀性也较强,使用时应小心。

具体做法是:先将仪器用自来水刷洗,倒净其中的水,加入少量洗液,转动仪器使内壁全部为洗液所浸润,一段时间后,将洗液倒回原瓶。仪器先用自来水冲洗,再用蒸馏水冲洗 2～3 次。使用洗液时**注意**:1)洗液为强腐蚀性液体,应注意安全;2)洗液吸水性强,用完后应立即将洗液瓶子盖严;3)洗液可反复使用,但是若洗液变为绿色即失效,不能再使用。

(4)用蒸馏水淋洗。经过上述方法洗涤的仪器,仍然会黏附来自自来水的钙、镁、氯、铁等离子,因此必要时应该用蒸馏水淋洗内部 2～3 次。

洗涤仪器时,应注意按照少量多次原则,尽量将仪器洗涤干净;洗涤干净的仪器内外壁上不应附着不溶物、油污,仪器可被水完全湿润,将仪器倒置水即沿器壁流下,器壁上留下一层既薄又均匀的水膜,不挂水珠。

在实验中应根据实际情况和实验内容来决定洗涤程度,如在进行定量实验中,由于杂质的引进会影响实验的准确性,因此对仪器的洁净程度要求较高。对于一般的无机制备实验或者定性实验等,对仪器的洁净程度的要求相对较低,只要洗刷干净,一般不要求不挂水珠,也没有必要用蒸馏水洗涤。

为了避免有些污物难以洗去,要求当实验完毕后立即将所用仪器洗涤干净,养成一种用完即洗净的习惯。

2.1.2.2 沉淀垢迹的洗涤

一些不溶于水的沉淀垢迹经常牢固的黏附在仪器的内壁,需要根据沉淀的性质选用合适的试剂,用化学方法除去。表2-1介绍了几种常见垢迹的处理方法。

表2-1 常见垢迹的化学处理方法

垢 迹 类 别	处 理 方 法
MnO_2,$Fe(OH)_3$或碱土金属的碳酸盐	盐酸(MnO_2需用浓盐酸)
银、铜等	硝 酸
难溶银盐	一般用硫代硫酸盐,Ag_2S可用热浓硝酸
不溶于水及酸碱的有机物	相应有机溶剂
煤焦油	煮沸石灰水
$KMnO_4$	浓碱浸泡
硫 磺	稀草酸溶液

2.1.2.3 洗涤液的配制

(1)铬酸洗涤液(简称洗液)。将 $25gK_2Cr_2O_7$ 溶于 $50mL$ 水中,冷却后向此溶液中慢慢加入浓硫酸至 $1000mL$。

(2)碱性高锰酸钾洗涤液。将4g高锰酸钾溶于 $5mL$ 水中,再加入 $95mL$,10% 的氢氧化钠溶液混合。

2.1.3 仪器的干燥

仪器干燥的方法很多,但要根据具体情况,选用具体的方法:

(1)晾干。不急用的仪器(或每次实验完毕后),将洗涤干净的仪器倒置于干燥的仪器柜中或仪器架上任其自然干燥。

(2)烤干。将洗涤干净的烧杯、蒸发皿等放置于石棉网上,用小火烤干;试管可直接烤干,在烤干试管过程中,开始要将试管口向下倾斜,以免水滴倒流导致试管炸裂,火焰也不要集中于一个部位,先从底部开始加热,慢慢移至管口,反复数次直至无水滴,最后将管口向上将水汽赶干净。

(3)吹干。利用电吹风吹干。

(4)烘干。将干净的仪器尽量倒干水后放入电热烘干箱烘干(控温105℃左右),放入烘箱的仪器口朝上,或在烘箱下层放一瓷盘,接受滴下的水珠。注意木塞、橡皮塞不能与玻璃仪器一同干燥,玻璃塞也应分开干燥。

(5)有机溶剂快速干燥。带有刻度的计量仪器不能用加热的方法干燥,因此和一些急需用的仪器一样,采用有机溶剂快速干燥法干燥:将易挥发的有机溶剂(如乙醇、丙酮等)少量加入到已经用水洗干净的玻璃仪器中,倾斜并转动仪器,使水与有机溶剂互溶,然后倒出,同样操作两次后,再用乙醚洗涤仪器后倒出,自然晾干或用电吹风吹干。

2.2 加热与冷却

2.2.1 热源

实验室中常用的热源有酒精灯、酒精喷灯、电炉以及马弗炉等。

2.2.1.1 酒精灯与酒精喷灯

(1)酒精灯(图 2-4)。酒精灯是实验室最常用的加热灯具,其供给温度为 400~500℃。酒精灯由灯罩、灯芯和灯壶三部分组成,灯罩上有磨口。使用时注意:1)添加酒精时应将灯熄灭,利用漏斗将酒精加入到灯壶内,添加量最多不超过总容量的 2/3。2)应使用火柴点燃酒精灯,决不能用点燃的酒精灯来点燃。3)熄灭酒精灯时,不要用嘴吹,将灯罩盖上即可,但注意当酒精熄灭后,要将灯罩拿下,稍作晃动赶走罩内的酒精蒸汽后盖上,以免引起爆炸(特别是在酒精灯使用时间过长时,尤其应注意)。4)在酒精灯不用时应盖上灯罩,以免酒精挥发。

图 2-4 酒精灯及正确点燃方法

1—灯罩;2—灯芯;3—灯壶

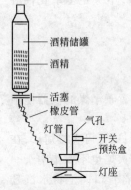

图 2-5 酒精喷灯

(2)酒精喷灯。酒精喷灯的构造如图 2-5 所示,其温度可达 700~1000℃,用于需较高温度的时候。使用时首先打开活塞,并在预热盒中加入酒精,点燃酒精加热灯管,待预热盒内酒精接近燃完时,将燃着的火柴移至灯口,同时开启开关,使酒精从灯座进入灯管,并受热汽化,与进气孔的空气混合并被点燃,调节开关,可控制火焰的大小。使用完毕,关闭开关、酒精喷灯及活塞,火即被熄灭。

2.2.1.2 电炉与马弗炉

根据需要,实验室还经常用到电炉、马弗炉等加热设备,电炉(图 2-6)是一种利用电阻丝将电能转化为热能的装置,使用温度的高低可通过调节外电阻来控制,为保证容器受热均匀,使用时反应容器与电炉间利用石棉网相隔离。马弗炉是利用电热丝或硅碳棒加热的密封炉子,炉膛是利用耐高温材料制成,呈长方体。一般电热丝炉最高温度为 950℃,硅碳棒为 1300℃,炉内温度是利用热电偶和毫伏表组成的高温计测量,并使用温度控制器控制加热速度。使用马弗炉时,被加热物体必须放置在能够耐高温的容器(如坩埚)中,不要直接放在炉膛上,同时不能超过最高允许温度。

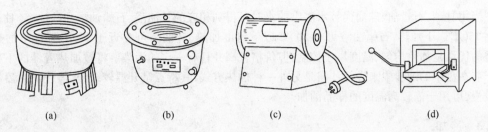

图 2-6 常用高温电加热器

(a)电炉;(b)电加热套;(c)管式电炉;(d)马弗炉

2.2.2 加热方法

2.2.2.1 直接加热

当被加热的样品在高温下稳定而不分解,又无着火危险时,可使用直接加热法。使用烧杯、烧瓶加热液体样品时,容器外的水应擦干,同时在火源与容器之间应放置石棉网。在加热过程中,应适时搅拌,以防爆沸。在高温下加热固体样品时,可将固体样品放置于坩埚中。

用氧化焰灼烧(图 2-7(a))。具体做法是:开始用小火烘烧坩埚,使其受热均匀,然后加大火焰,根据实验要求控制灼烧温度和时间,灼烧完毕后移去热源,冷却后(或用干净的坩埚钳夹着坩埚,放置于石棉网上冷却)备用。实验室进行灼烧实验时经常用到马弗炉或管式电炉。

2.2.2.2 用热浴间接加热

当被加热的样品易分解,温度变化易引起不必要的副反应时,就要求加热过程中受热均匀,而又不超过一定温度,使用特定热浴间接加热可满足此要求。如果要求反应温度不超过 100℃时,可利用水浴加热,有特制的电热水浴锅。在一般实验中,常使用大烧杯来代替水浴锅(图 2-7(d))。

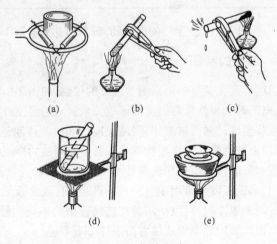

图 2-7 加热方式

使用水浴锅时应注意:

(1)被加热容器不要触及水浴的底部;

(2)水浴中水的总量不要超过总容量的 2/3;

(3)勿使水浴中水烧干(在水浴表面加入少量石蜡油可有效地阻止水分的快速蒸发)。

当用甘油、石蜡油、硅油代替水浴中的水时可得到相应的甘油浴、石蜡油浴和硅油浴(甘油浴可在150℃以下加热,石蜡油浴可在200℃以下温度加热,硅油浴可在近于300℃温度下加热)。油浴的优点是加热均匀、温度易于控制,但价格较高并且有一定的污染。将被加热容器的下部埋置于装在盘中的细沙中来进行沙浴是另外一种加热方式,其特点是升温较缓慢,停止加热后散热也较慢,可用于需较高温度的样品的加热。

2.2.3　冷却

放热反应产生的热量,常使反应温度迅速提高,如控制不当,往往引起反应物的挥发,并可能引发副反应,甚至爆炸。为了将反应温度控制在一定的范围内,就需要适当的冷却,最简便的方法就是将盛有反应物的容器适时地浸入冷水浴中。

有些反应需要在低于室温的条件下进行,为了降低物质的溶解度,重结晶也常在低温下进行,这时一般用碎冰与水的混合物做冷却剂。

若要将反应物维持在0℃以下,经常用碎冰与无机盐的混合物做冷却剂。用盐做冷却剂时,应该将盐研细,然后和碎冰按一定的比例混合以达到最低温度。几种不同的冰盐浴见表2-2。

表 2-2　几种不同的冰盐浴

盐　类	100 份碎冰中盐的质量份数/%	能够达到的最低温度/℃
NH_4Cl	35	−15
$NaNO_3$	50	−18
$NaCl$	33	−21
$CaCl_2 \cdot 6H_2O$	41	−9
	100	−29
	125	−40
	150	−49

干冰与丙酮(或乙醇)的混合物,最低可达到 −78℃ 的低温。

2.2.4　温度的测量

温度计是实验室中用来测量温度的仪器,如图2-8所示。其中利用物质的体积、电阻等物理性质与温度的函数关系制成的温度计为接触式温度计。测温时必须将温度计触及被测体系,使温度计和被测体系达成热平衡,二者温度相等,从而由被测物质的特定物理参数直接或间接的换成温度。如水银温度计就是根据水银的体积直接在玻璃管上刻以温度值的。每只温度计都有一定的测温范围,水银温度计可用于 −30～360℃区间;测量低于 −30℃,甚至于 −200℃温度区间的温度时,可以使用封在玻璃管中的不同的烃类化合物温度计;若要测量高温时可用热电偶或辐射高温计等来测量。

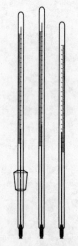

图 2-8　温度计

在利用温度计测量温度时应该注意:

(1)根据所测温度的高低选择合适的温度计,实验室中常用的水银温度计有 0～100℃、0～250℃、0～360℃ 三种规格,例如要测量温度在 200℃ 左右时,最好选择 0～250℃ 的温度计,而不要选 0～100℃(易胀破)或 0～360℃(精度差)的温度计。

(2)根据实验要求选择合适精度的温度计,如利用冰点下降法测化合物的分子量时,最好选用刻度为 1/10 的温度计,可准确测到 0.01℃。对于一般的温度测量,则没有必要使用如此高精度的温度计(价格偏高)。

(3)利用温度计测量时,要使温度计浸入液体的适中位置,不要使温度计接触容器的底部或壁上。

(4)不能将温度计当搅拌棒使用,以免水银球碰破。

(5)刚刚测量高温的温度计取出后不能立即用凉水冲洗,也不要放置在温度较低的水泥台上,以免水银球炸裂。

(6)使用温度计时要轻拿轻放,不要随意甩动。温度计不慎被打碎后,要立即告诉指导教师,撒出的水银应立即回收,不能回收者,要立即用硫磺覆盖清扫。

2.3 化学试剂的使用

2.3.1 化学试剂的纯度等级

化学试剂是纯度较高的化学制品,通常按所含杂质含量的多少分为四种类型,即优质纯、分析纯、化学纯和实验试剂,化学试剂的分级见表2-3。

表 2-3 化学试剂的分级

等 级	一级试剂 (优质纯)	二级试剂 (分析纯)	三级试剂 (化学纯)	四级试剂 (实验试剂)
符 号	G. R	A. R	C. P	L. R
标签颜色	绿色	红色	蓝色	黄色
应用范围	精密分析及 科学研究	一般化学分析 及科学研究	一般定性分析 及化学制备	化学制备

在化学实验过程中,应根据具体要求合理选择不同纯度的试剂,级别不同的试剂价格相差很大,在要求不高的实验中使用纯度较高的试剂会造成很大的浪费。

一般为了取用方便,固体试剂应装在广口瓶中,液体试剂放在细口瓶或者滴瓶中,见光易分解的试剂应装在棕色瓶中,盛碱液的试剂瓶不能用玻璃塞而要用橡皮塞。每一个试剂瓶上都要贴上标签,标明试剂的名称、浓度、纯度及配置时间,在使用时应仔细观察。

2.3.2 化学试剂的取用原则

(1)不弄脏试剂。不用手接触试剂,已取出的试剂不得倒回原试剂瓶。固体用干净的药匙或镊子取用,试剂瓶盖不张冠李戴,胡乱取放。

(2)力求节约。实验中试剂用量应按规定量取,如未注明用量时,应尽可能少取,取多时将多余试剂分给同学们使用。

2.3.3 液体试剂的取用

(1)用倾注法取液体试剂时,将瓶盖拧开取下倒放在桌面上,右手拿起试剂瓶,使标签朝上(若是双面标签时,无标签处向下),使瓶口靠在容器壁上,缓缓倾出所需液体,使其沿容器内壁流下(如向量筒中倾倒液体试剂),若所用的容器为烧杯,则用一根玻璃棒紧靠瓶口,使液体沿玻璃棒流入容器(玻璃棒引流)。倒出所需的液体后,将试剂瓶口在玻璃棒或容器上靠一下,再将试剂瓶竖直(这样可避免留在瓶口的试剂流到试剂瓶外壁),然后立即将瓶盖盖上,并将试剂瓶放回原处,并使试剂瓶上的标签朝外。

(2)从滴瓶中取液体试剂时,用拇指和食指提起滴管,取走试剂。并注意保持滴管垂直,避免倾斜,尤忌倒立,防止将试剂流入橡皮头而污染试剂。用滴管向容器中滴加试剂时,滴管的尖端不要接触试管内壁,也不得将滴管放置在原滴瓶以外的任何地方,以免杂质污染。在大瓶的液体试剂旁边应附置专用滴管供取用少量试剂,如用自备滴管取用时,使用前必须洗涤干净。

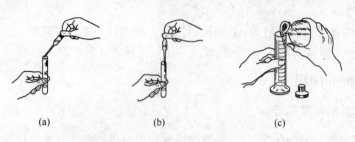

图 2-9　试剂的取用
(a)正确操作;(b)错误操作;(c)量筒量取

2.3.4　固体试剂的取用

(1)固体试剂要使用干净的药匙取用,药匙的两端分别有大小两个匙,取较多试剂时用大匙,取较少试剂时用小匙。如果是将固体试剂放进试管时,可将药匙伸入试管 2/3 处,直立试管将试剂放入,或者取出试剂放置于一张对折的纸条上,再伸入试管中,块状固体则应沿管壁慢慢滑下(图 2-10)。取出试剂后,先将瓶塞盖严并将试剂瓶放回原处,用过的药匙必须立即洗净擦干,以备取用其他试剂。

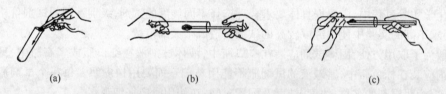

图 2-10　固体试剂的取用
(a)块状固体沿管壁缓慢滑下;(b)使用药匙;(c)使用纸条

(2)要求取用一定重量的固体样品时,可将固体放置于洁净的称量纸上或表面皿上再进行称量,具有腐蚀性或易吸潮的样品,应放置在玻璃容器(如称量瓶)内进行称量。

2.4　称量

2.4.1　天平的种类及称量原理

化学实验要经常进行称量,重要的称量仪器是天平,常用的有托盘天平(又称为台秤,用于精确度要求不高的称量,可以准确至 0.1g)、扭力天平(可准确至 0.01g)和分析天平(可以准确至 0.0001g,甚至更精确)等。在称量时,应根据实验对于称量准确度的不同要求,选取不同类型的天平。

虽然天平的类型不同,但基本原理都是一样的,即根据杠杆原理设计的。如图 2-11 所示,杠

杆 ABC，B 是支点，A、C 两点所受的力分别为 F_1、F_2，当平衡时，支点两端力矩相等，即：

$F_1L_1 = F_2L_2$，$F = mg$，则 $m_1gL_1 = m_2gL_2$，天平等臂 $L_1 = L_2$，则 $m_1 = m_2$

也就是说等臂天平称重达平衡时，被称物质量 m_1 等于砝码质量 m_2。

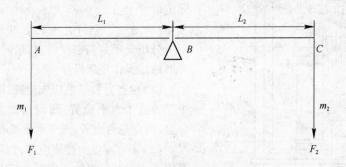

图 2-11　杠杆原理

上述不同的天平就是由于制造时采用的材质、等臂的准确程度、刀口的受阻情况及砝码的准确度不同而造成的，因此它们的精确度不同。

2.4.2　托盘天平

托盘天平(图 2-12)主要有台秤座和横梁两部分组成，横梁以一个支点架在台秤座上，左右各有一个托盘，中部有指针和刻度盘，根据指针在刻度前的摆动情况，可以看出托盘的平衡状态，使用托盘天平称量时，可按下列步骤进行：

(1)零点调整。在称量前，将砝码游标拨到游码刻度尺的"0"位处，检查台秤指针是否停在刻度盘上中间的位置。如果不在中间位置，可通过调节托盘下的螺丝，使指针正好停在刻度盘的中间位置。

(2)物品称量。1)若是带游码标尺的托盘天平，称量物品应放在左盘，砝码放在右盘。2)先加大砝码，再加小砝码，最后由游码(或更小的砝码)调节至台秤指针正好指向中间位置(或指针在刻度尺左右摇摆的距离几乎相等)为止。3)记下砝码或游码的数值，至台秤最小称量的位数(如最小称量为 0.1g，则记准至小数点后 1 位)，即为所称物品重量。4)称量后应将砝码放回砝码盒，游码退回刻度为"0"处，取出盘中物品。5)**注意**：不能用手拿取砝码，应用镊子夹取。不能将药品直接放在称量盘中，应放在称量纸或干净的玻璃容器中。不能称量热的物品。6)应保持托盘天平的整洁，药品撒在托盘天平上后应立即清除。

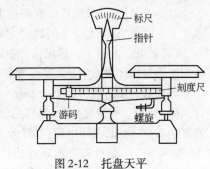

图 2-12　托盘天平

2.4.3　光电分析天平

2.4.3.1　分析天平的基本结构

分析天平用三个玛瑙三棱体的尖锐棱边(刀口)作为支点 B(刀口向下)，与力点 A 和 C(刀口向上)，这三个刀口的棱边完全平行且位于同一水平面上。刀口的尖锐程度决定分析天平的灵敏度。

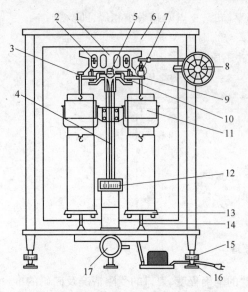

图 2-13　半自动电光分析天平
1—天平梁；2—平衡调节螺丝；3—蹬(吊耳)；4—指针；
5—支点；6—框罩；7—环码；8—指数盘；9—支柱；
10—托叶；11—阻尼器；12—投影屏；13—天平盘；
14—托盘；15—天平足；16—垫脚；17—升降旋钮

半自动电光分析天平(图2-13)由天平梁、天平柱、蹬、空气阻尼器、天平盘、指针和标尺等组成。每一部分析天平都备有一套砝码，放在砝码盒中的固定位置上。

2.4.3.2　分析天平的使用方法

分析天平是精密仪器，称量时必须认真、细致，并严格按操作规程操作。

(1)检查。称量前应先检查：圈码是否挂好；天平是否处于水平位置；圈码指数盘是否指在 0.00 位置；两盘是否空着；天平盘有没有被污染等。

(2)调节零点。接通电源，打开升降旋钮，这时可以看到微分标尺的投影在光标上移动，当投影稳定后，如果光屏上的刻度线不与标尺的 0.00 重合，可以通过调节拉杆，移动光屏位置使刻度线正好与标尺 0.00 重合。如果将光屏移动到尽头后刻度线仍不能与标尺的 0.00 重合，则需要调解天平架梁上的平衡螺丝(向指导教师报告，由指导教师进行调节)。

(3)称量。把要称量的样品轻轻的放置在天平左盘的中央(在此之前，应先用台秤粗称样品重量)，然后将比粗称重量略重的砝码放入右盘中央，缓慢开动升降旋钮，观察光屏上标尺的移动方向，如果标尺向负方向移动，表明砝码比样品重，应先关闭升降旋钮，减少砝码后再重复上次操作；如果标尺向正方向移动，则有两种情况：第一种情况是，标尺稳定后，与刻度线重合的位置在 10.0mg 以内，即可读数。第二种情况是，标尺迅速向正方向移动，刻度线位置超过 10.0mg，则表示砝码太轻，应关闭升降旋钮，添加砝码后再重复上述操作，直到光屏上的刻度线与标尺投影上的某一读数重合为止。

(4)读数。光屏上的标尺投影稳定后，就可以从标尺上读出 10mg 以下的重量，例如光屏上的刻度线与标尺投影的 +2.2mg 重合，表明所加砝码和圈码比样品轻2.2mg，则样品的重量应等于砝码重加上圈码重再加上 2.2mg。读完数后应立即关上升降旋钮。

(5)还原。称量完毕后，将样品取出，砝码放回砝码盒原来的位置，关好边门，将圈码指数盘恢复到 0.00 位置，关闭电源，罩好天平箱外的罩子，并做好使用记录。

2.4.3.3　分析天平和砝码的使用规则和维护

(1)一切操作都要细心，轻拿轻放，轻开轻关。

(2)称量前应检查天平是否正常，不要随意移动天平，如天平发生故障，必须请指导教师帮助修理。

(3)开启升降旋钮时一定要轻启轻放，以免损坏玛瑙刀口。无论是添加或减去样品、砝码或圈码，都必须先关闭升降旋钮，加完后再开启旋钮进行称量读数。绝对禁止在天平开启情况下取放样品或砝码。

(4)绝对不允许天平载重超过限度，不能在天平上称重热的或腐蚀性的样品，不可将样品直接放在天平盘上，必须使用称量瓶、表面皿或其他容器称量。

(5)应从天平的左右两门取放砝码和样品，称量时必须关闭左右两边边门。

(6)禁止用手拿取砝码。一定要用镊子取放，砝码只能放在砝码盒和天平盘两个位置，称量完成后,砝码必须放回原来的砝码盒中原来的位置,分属不同天平的两盒砝码不得混用。

（7）称量完成后,要将天平还原,检查砝码盒内的砝码是否完整无缺和清洁,罩好天平罩,记录使用情况。

（8）称量结果必须立即记在记录本或实验报告纸上,不可记在零星纸上以免遗失。

2.4.4　电子天平

电子天平是集精确、稳定、多功能及其自动化于一体的最先进的分析天平,大多可称准至0.1mg,能满足所有实验室质量分析要求。电子天平一般采用单片微处理机控制,有些电子分析天平还具有标准的信号输出口,可直接连接打印机、计算机等设备来扩展天平的使用,使称量分析更加现代化。

2.4.4.1　电子天平的基本结构

电子天平(图2-14)由称盘、显示屏、操作键、防风罩和水平调节螺丝等部分组成。

2.4.4.2　电子天平的使用方法

电子天平称量快速、准确,操作方便。电子天平的品牌及型号很多,不同品牌的电子分析天平在外形设计的功能等方面有所不同,其操作存在差异,但基本使用规程大同小异。本教材以梅特勒－托利多公司生产的 AL 型电子天平为例,介绍称量基本操作(加重法)：

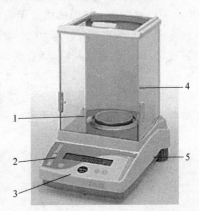

图 2-14　AL 电子分析天平
1—称盘;2—显示屏;3—操作键;
4—防风罩;5—水平调节螺丝

（1）调整水平调节螺丝,使天平后部的水平仪内空气泡位于圆环中央(以使天平保持水平位置)；

（2）接通电源,预热约 10min,按 on/off 键开机,天平自检,显示回零时,即可开始称量；

（3）将称量容器置于托盘上,显示容器重量,按 on/off 键调零(去皮)；

（4）往称量容器中加入样品,再次置于托盘上称量,待显示屏左下方"。"符号消失,读数稳定,所示数值即为样品净重,记录结果；

（5）称量结束,按 on/off 键至显示屏出现"OFF"字样,关闭天平,关好天平拉门,断开电源,盖上防尘罩,并做好使用登记。

在实际工作中,还常用减量法进行称量。减量法称量与加重法称量操作的主要区别在于上述步骤中的第(3)步和第(4)步。将加重法称量操作的第(3)步改为称量并记录称量瓶及样品的总重量,第(4)步改为称量并记录取出所需样品后的容量瓶及剩余样品的总重量(取出样品并称重通常要反复多次),前后读数的差值即为所取样品的质量。其余步骤与加重法一致。

天平控制面板上的每个按键均有多种功能,如 on/off 键除可用于开机和关机外,还有清零、去皮以及取消功能。此外,还可调节菜单方式进行操作,需要时请参阅说明书。

2.4.4.3　注意事项

（1）称量范围越小、精密度越高的电子天平,对天平的环境要求越高,天平室基本要求是防尘、防震、防过大的温度波动的气流影响,精密度高的天平最好在恒温室中使用；

（2）电子天平安装之后,使用之前必须进行校准。较长时间不使用时,应每隔一段时间通电一次,保持电子元件干燥。校准及维护由实验工作人员负责完成；

（3）电子天平自重小,容易被碰移位,导致水平改变,影响称量的准确性。因此在使用时动

作要轻缓,并时常检查天平是否水平;

(4)称量时,应注意克服影响天平读数的各种因素,如空气流动、温度波动、容器或样品不够干燥、开门及放置称量物时动作过重等;

(5)称量物不可直接放在天平托盘上称量;

(6)称量物品切忌超过量程;

(7)保持天平整洁,如药品撒落应及时清理;

(8)若发现故障或损坏,应及时报告指导教师。使用后,注意做好使用登记,便于维护。

2.4.5 称量方法

在称量样品时,根据样品的性质不同,有直接法和差减法等不同的称量方法:

(1)直接法。若固体样品无吸湿性,在空气中性质稳定,可用直接称量法。称量时,将样品放在已知重量的洁净容器中(或称量纸上),然后放在天平左盘,在天平右盘根据所需的质量放好砝码,再用角匙增减样品,直到天平平衡为止。

(2)差减法。易吸潮或在空气中性质不稳定的样品,最好用差减法来称量:先在干燥洁净的称量瓶中装部分试样,在天平上准确称量(设所得质量为 m_1),从称量瓶中倾出一部分试样(装在事先准备好的容器中)后,再准确称量(设此次所得质量为 m_2),则前后两次称量的质量差 $m_1 - m_2$,即为取出样品的质量 m。

除了上述的称量仪器外,实验室中还经常用到扭力天平等,本书不作介绍。

2.5 溶液的配制

在实验过程中经常要将化学试剂配制成不同浓度的溶液,不同的实验对溶液浓度的准确度的要求不尽相同:一般的性质实验,反应实验(如定性检测和无机制备实验)对溶液浓度的准确度要求不高,只需配置一般溶液就行了。定量测定试验,对溶液准确度要求较高,则需配置准确浓度的溶液(标准溶液),应该根据不同实验的具体要求,选择配置合适的溶液。

2.5.1 一般溶液的配制

常见的溶液浓度包括物质的量浓度、质量摩尔浓度和百分浓度,见表2-4。

表 2-4   几种不同的浓度表示方法

浓　度	符　号	定　义	单　位
百分浓度	%	100 份溶液中所含溶质的份数	g/100g(质量分数)
			g/100mL(质量浓度)
			mL/100mL(体积分数)
质量摩尔浓度	b	每千克溶剂中所含溶质的物质的量	mol/kg
物质的量浓度	c	单位体积溶液中所含溶质的物质的量	mol/m^3 或 mol/L

溶液配制的方法基本上可分为两种:

(1)对于一定质量的溶剂中所含溶质质量的浓度(如质量分数,质量摩尔浓度)来说,只需将定量的溶质和溶剂混合均匀即得,如配制 10% NaCl 水溶液,只要将干燥的 NaCl 10g 溶于 90g 水中混合均匀即成。

(2)对于以一定体积的溶液中所含溶质的浓度(如体积分数,物质的量浓度和当量浓度等)

来说,溶质与溶剂的混合,其溶液的体积往往会发生变化。因此配制这一类溶液时,先将一定量的溶质和适量的溶剂混合,使溶质完全溶解,然后再添加溶剂至所需要的体积,最后混合均匀即得。例如配制10%(质量浓度)NaCl水溶液,将10g干燥的NaCl放在烧杯中加适量水溶解后,再精确加水至100mL,搅拌均匀即得。由上可知,一般溶液的配制操作涉及到托盘天平、量筒、比重计等仪器的使用。

1)量筒的使用。量筒是化学实验室中最常用的度量液体体积的玻璃仪器,它是一种厚壁的有刻度的玻璃圆筒,刻度线旁标明溶液至该线的体积,其容积有10mL、25mL、100mL、500mL、1000mL等数种,在实验中应根据所取液体体积的大小来选用,如要取8.0mL液体时,最好选用10mL量筒,若用100mL量筒时其误差较大;如果量取80mL液体,应选用100mL量筒,而不要用50mL或10mL及500mL的量筒。在使用量筒时首先了解量筒的刻度值。在读取量筒刻度值时,用拇指和食指拿着量筒的上部,让量筒垂直,使视线与量筒内液体的凹液面最低处保持水平,然后读出量筒上的刻度值即可。注意量筒不能做反应器皿,不能装热的液体。

2)比重计的使用。比重计是用来测定液体密度的仪器,它是一支中空的玻璃浮柱,上部有标线,下部内装有铅粒,形成一个重锤(图2-15)。根据测定液体密度大小不同,将比重表分为两类:轻表专门用来测定密度小于1的液体;重表测定密度大于1的液体。测定液体的密度时,将待测液体倒入大量筒中,然后将选择好的比重计擦干净,轻轻放入液体中,等到比重计稳定地浮在液体中时才能放手,待比重计稳定且不与容器器壁相接触时即可读数。比重计(重表)的刻度自上而下依次增大,一般可读准到小数点后三位,读数时应注意视线要与液体凹面最低处处于同一水平。

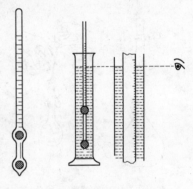

图2-15　比重计

有些比重计有两行刻度,一行为比重(d),另一行为波美度(Be),二者的换算公式为:

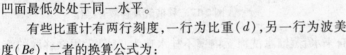

$$重表 \quad d = \frac{145}{145 - Be} Be = 145 - \frac{145}{d}$$

$$轻表 \quad d = \frac{145}{145 + Be} Be = \frac{145}{d} - 145$$

使用比重计时应**注意**:①待测液的深度要够;②放平稳后再松手;③根据所测液体的比重不同,选取量程不同的比重计;④不要甩动比重计;⑤液体的比重与温度有关,精密测定时,必须同时测定液体的温度,再由换算表求出其准确的比重;⑥测量完毕后必须将比重计洗净、擦干后放回盒内。

2.5.2　标准溶液的配制

标准溶液要用蒸馏水在容量瓶中配制,其浓度可由容器的体积与试剂量计算出来,也可以由基准试剂或基准溶液通过标定而得到。因此为了配制标准溶液,需准确称量固体试剂和准确量取液体的体积,所以一般用分析天平称量,用容量瓶、移液管(或吸量管)等量取液体体积,用滴定管标定所得溶液的浓度。

(1)容量瓶。容量瓶主要是用来精确地配制一定体积和一定浓度的溶液的量器。如果是用浓溶液(尤其是浓硫酸)配制稀溶液,应先在烧杯中加入少量蒸馏水,将一定体积的浓溶液沿玻璃棒分数次慢慢地注入水中,每次注入浓溶液后,应搅拌一下。如果是用固体溶质配制溶液,应先将固体溶质放入烧杯中用少量蒸馏水溶解,然后将杯中的溶液沿玻璃棒小心地注入容量瓶中

（图 2-16），再从洗瓶中挤出少量水淋洗烧杯及玻璃棒 2～3 次，并将每次淋洗的水注入容量瓶中。最后，加水到标准线处。但需注意，当液面将接近标准线时，应使用滴管小心地逐滴将水加到标线处（**注意**：观察时视线、液面与标线均应在同一水平面上）。塞紧瓶塞，将容量瓶倒转数次（此时必须用手指压紧瓶塞，以免脱落），并在倒转时加以摇荡，以保证瓶内溶液浓度上下各部分均匀。瓶塞是磨口的，不能张冠李戴，一般可用橡皮圈系在瓶颈上。

（2）移液管。移液管是中间为一球体的玻璃管，管颈上部刻有一标线环。移液管的容量是按吸入的液体的月牙面下沿与标线相切后，液体自然流出的总体积确定的，有 50mL，25mL，20mL，10mL，5mL，2mL，1mL 等数种。还有一种刻有分度的内径均匀的玻璃管所构成的移液管，又称为吸量管（图 2-17），吸量管有 10mL，5mL，2mL，1mL 等数种，有些吸量管的分度一直刻到吸量管的下口，还有一种其分度只刻到距下管口 1～2cm 处，使用时应注意。

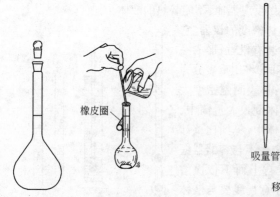

橡皮圈

图 2-16　容量瓶及操作

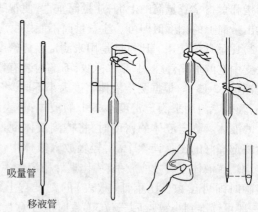

吸量管

移液管

图 2-17　移液管及移液管操作

使用移液管前应依次用洗液、自来水、蒸馏水洗涤至内壁不挂水珠为止，最后用欲移取的溶液洗涤三次。具体做法是：用滤纸将移液管外壁水珠除去，将移液管尖端插入液体中，用洗耳球在移液管上端慢慢吸取液体到球部，立即用右手食指按住管口，注意勿使溶液流回，取出后将管横过来，用左右两手的拇指和食指分别拿住移液管球体上下两端，一边旋转一边降低上口，使溶液布满全管，当溶液流到距上口 2～3cm 处时，将其直立放出溶液并弃去。

吸取液体时，用右手拇指和中指拿住移液管上端管口 2～3cm 处，将管下口伸入液体中（不可太浅，也不应将管口抵住容器底部），左手将洗耳球中空气赶走后，将洗耳球的小口对准移液管口并慢慢放松，使液体缓缓吸入移液管。随时注意液面情况，降低移液管高度，使移液管口始终在液面以下。当移液管中液面上升到标线以上 1～2cm 处时，移开洗耳球，并迅速用右手食指堵住上端管口，轻轻提起移液管，将其下端靠在容器壁上，稍松食指，同时用拇指及中指轻轻转动管身，使液面缓慢平稳下降。直到溶液弯月牙面的下部与标线相切，立即停止转动并按紧食指，使液体不再流出，取出移液管并用滤纸擦去下管口外部液体后移至准备接收溶液的容器中，仍使其尖端接触容器器壁，并使接受容器倾斜而使移液管直立，右手拇指与中指拿紧移液管，抬起食指，使溶液沿器壁自由流下，待溶液全部流尽后，再转动移液管，使尖口接近管壁（靠 5～15s）。**注意**：不要将留在管尖的液体吹出（除非移液管上注明"吹"字）。

吸量管的使用方法与移液管基本相同，只是其可以取不同体积的溶液，即使用吸量管时，总是使液面由某一分度落到另一分度，两分度间的体积正好等于所需的体积，应尽可能在同一实验中使用同一吸量管的同一分段，尽可能从最上端标线（即 0.00 刻度）开始。另外在放液体时食指不能完全抬起,一直要轻轻地按住管口,以免到要求的刻度时来不及按住管口。

(3)滴定管。滴定管有两种形式:一种是下端有玻璃活塞的酸式滴定管,另外一种是由下端填有玻璃珠的橡皮管代替活塞的碱式滴定管(见图2-2)。

1)滴定管的选择与处理

①滴定管的选择。若是用来盛放酸液、具有氧化性的溶液(如高锰酸钾溶液)则选用酸式滴定管;若用来盛放碱液,则选用碱式滴定管。

②洗涤。当滴定管无明显污染时,可直接用自来水冲洗,或用滴定管刷沾肥皂水刷洗,不能用去污粉洗。如果用肥皂洗不干净的话,则可用洗液浸泡清洗。具体做法是:洗涤酸式滴定管时,应预先关闭活塞,倒入5~10mL洗液后,一手拿住滴定管上部无刻度部分,另一手拿住活塞上部无刻度部分,边转动边将管口倾斜,使洗液流经浸润全管内壁,然后将管竖起,打开活塞使洗液从下端放回洗液瓶中。洗涤碱式滴定管时,先去掉下端橡皮管,接上一小段塞有玻棒的橡皮管,再按上法洗涤。用肥皂或用洗液洗涤后都须用自来水充分洗涤,并检查是否洗涤干净。

③检查是否漏水。经自来水洗涤后,应检查滴定管是否漏水,具体做法是:对于酸式滴定管,关闭活塞装水至"0"标线,直立约2min,仔细观察是否有水珠滴下,然后转动活塞180°,再直立2min,观察有无水滴。对于碱式滴定管,装水后直立2min,观察是否漏水即可。如发现漏水或酸管活塞转动不灵活的现象,酸式滴定管应将活塞拆下重涂凡士林,碱式滴定管需要更换玻璃珠或橡皮管。活塞涂凡士林的方法是:将滴定管平放在台面上,取下活塞,用滤纸将活塞及活塞槽擦干净。用手指沾少量凡士林,在活塞孔两边沿圆周涂一薄层,将活塞插入槽中,向同一方向转动活塞,直到外边观察全部透明为止。如果转动不灵活或出现纹路,表明涂的过少,若有凡士林从活塞隙缝中溢出,表明涂得过多,两者均须重新涂凡士林,然后再检查活塞是否漏水。

④润洗。滴定管用自来水冲洗后,再用蒸馏水洗涤三次,每次约用蒸馏水5mL,方法同前,最后用待用溶液润洗三次,每次约5mL,方法同前。

2.5.2.1 装液与读数

(1)装液。将待装溶液加入滴定管中到刻度"0"以上,开启旋塞或挤压玻璃圆球,把滴定管下端的气泡逐出,然后把管内液面的位置调节到刻度"0"。把滴定管下端的气泡逐出的方法如下:如果是酸式滴定管,可使滴定管倾斜(但不要使溶液流出),启开旋塞,气泡就容易被流出的溶液逐出;如果是碱式滴定管,可把橡皮管稍弯向上,然后挤压玻璃圆球,气泡可被逐出。

(2)读数。读数应根据滴定管的具体情况确定,对于常量滴定管,一般应读至小数点后第二位。为了减少读数误差应注意下述几个问题:1)将滴定管夹在滴定管架上并保持垂直,把一个小烧杯放置在滴定管下方,按操作法以左手轻轻打开酸式滴定管的活塞,使液面下降到0.00~1.00mL范围内的某一刻度(最好是0.00mL),1min左右以后检查液面有无变化,若无改变,则记下读数(初读数)。每次滴定前都应调节液面在"0"刻度或以下位置,并检查管内有无气泡,滴定后观察管内壁是否挂有液珠、有无气泡等。2)读数时视线应与所读的液面处于同一水平面(图2-18)。对于无色(或浅色)的溶液应读取溶液月牙面最低点所对应的刻度,而对于月牙面看不清楚的有色溶液,可读液面两侧的最高点处,初读数和终读数必须按同一方

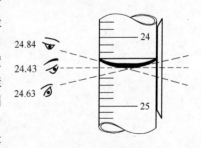

图2-18 读数方法

法读取。对于乳白色底板蓝线衬背的滴定管,即使是无色溶液也应读取两个月牙面相交的最尖部分(山尖),深色液还是读取液面两侧的最高点。有时为了更好地读数,常借助于读数卡,将黑白两色的卡片紧贴在滴定管后面,黑色部分放在月牙面下方约1cm处,即可见到月牙面的最下缘映衬的黑色,读取黑色月牙面的最低点。3)读数时最好将滴定管从滴定管架上取下,移至与眼睛相平行的位置再按上法读数。

2.5.2.2　滴定操作

滴定前应先去掉滴定管尖端悬挂的残余液滴,读取初读数后,将滴定管尖端插入烧杯或锥形瓶内约1cm处,管口放在烧杯的左后方,但不要靠着杯壁(或锥形瓶颈壁)。使用酸式滴定管时,必须用左手拇指、食指和中指控制活塞,旋转活塞的同时应稍稍向里用力,以使玻璃塞始终保持与塞槽的密合,防止溶液泄漏。必须学会慢慢旋开活塞以控制溶液的流速。使用碱式滴定管时,必须用左手拇指、食指捏住橡皮管中的玻璃珠所在部位的稍上一些的位置,向右方挤橡皮管,使橡皮管与玻璃珠之间形成一条缝隙,使溶液流出。通过缝隙的大小控制溶液的流出速度。在滴定的同时,右手的拇指、食指和中指拿住锥形瓶瓶颈,沿同一方向按圆周摇动锥形瓶,使溶液在锥形瓶中作圆周运动(若利用烧杯滴定,可用玻璃棒顺着一个方向充分搅拌溶液,但勿使玻璃棒碰击杯底和杯壁)。特别要注意滴定速度,开始滴定时,滴定速度可稍快一些,但要注意要成滴不成线。随着滴定反应的进行,滴落点周围出现暂时性的颜色变化,但随着锥形瓶的摇动,颜色迅速消失;接近终点时颜色消失较慢,此时应该逐滴加入,每加一滴后将溶液摇匀,观察颜色变化情况,最后每次加半滴后即摇匀,仔细观察决定是否继续滴加。最后应控制使液滴悬而不落,用锥形瓶内壁(或玻璃棒)使液滴流下来,用洗瓶冲洗锥形瓶内壁,摇匀,反复操作直到溶液颜色改变,即可认为到达终点。

实验完毕后,倒出滴定管内剩余的液体,用自来水将滴定管冲洗干净,再用蒸馏水冲洗,放置备用。

2.6　试纸的使用方法

(1)用石蕊试纸试验溶液的酸碱性时,先将石蕊试纸剪成小条,放在干燥清洁的表面皿上,再用玻璃棒蘸取要试验的溶液,滴在试纸上,然后观察石蕊试纸的颜色,切不可将试纸投入溶液中试验。

(2)用pH试纸试验溶液的pH值的方法与石蕊试纸相同,但最后需将pH试纸所显示的颜色与标准颜色(比色卡)比较,方可测得溶液的pH值。

(3)用石蕊试纸、醋酸铅试纸与碘化钾淀粉试纸试验挥发性物质的性质时,将一小块试纸润湿后粘在玻璃棒的一端,然后用此玻璃棒将试纸放到试管口,如有待测气体逸出则变色。

3 无机化学基本实验

3.1 分析天平的使用

3.1.1 实验目的

(1)了解分析天平的构造；

(2)掌握分析天平的使用方法；

(3)熟悉直接称量法和减量称量法。

3.1.2 称量原理

天平是根据杠杆原理制成的,它用已知质量的砝码来衡量被称物体的质量。

杠杆原理见图 3-1,设杠杆 ABC 的支点为 B(见图 3-1),AB 和 BC 的长度相等,A、C 两点是力点,A 点悬挂的被称物体的质量为 m_1,C 点悬挂的砝码质量为 m_2。当杠杆处于平衡状态时,力矩相等,即:

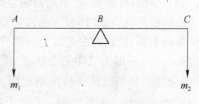

图 3-1　杠杆原理

$$m_1 \times AB = m_2 \times BC$$

因为 $AB = BC$,所以 $m_1 = m_2$。

3.1.3 仪器和药品

仪器:半自动电光分析天平一台;台秤(公用);称量瓶一个;坩埚一个;干燥器。

药品:重铬酸钾。

其他:纸带。

3.1.4 实验内容

3.1.4.1　称量前的准备

(1)观看"分析天平教学光盘"。

分析天平的使用规则主要是:

1)天平的前门不得随意打开;

2)开关天平的动作要轻、缓;

3)加减砝码和物品时必须先关上天平;

4)转动读数盘加减圈码时,动作要轻、缓;

5)砝码必须用镊子夹取,严禁用手触摸;

6)不得超载称量;

7)称量完毕,应将天平还原。

(2)使用指定的分析天平。

(3)取下天平布罩,叠好。

(4)观察天平立柱后的水准仪是否指示水平位置。若天平不处于水平状态,应在指导教师的指导下,调节垫脚螺丝,使天平处于水平状态。

(5)检查天平横梁、秤盘、吊耳的位置是否正常;指数盘是否回零。转动升降枢纽,使横梁轻轻落下,观察指针摆动是否正常。秤盘上若有灰尘,应用软毛刷轻轻拂净。

(6)检查砝码盒中砝码是否齐全,圈码钩上的圈码位置是否正常。

(7)调节好天平零点,用平衡螺丝(粗调)和拨杆(细调)。调节天平零点是分析天平称量练习的基本内容之一。

3.1.4.2 称量练习

(1)准备一个洁净的坩埚,先在台秤上预称其质量(准确至0.1g),再在分析天平上准确称量(准确至0.1mg),记下其质量为m_1。

(2)用洁净的纸带从干燥器中夹取一盛有重铬酸钾粉末的称量瓶,在台秤上预称其质量后,再在分析天平上准确称量,记下其质量为m_2。

(3)左手用纸带夹住称量瓶,置于坩埚上方,使称量瓶倾斜,右手用一洁净的纸片夹住称量瓶盖手柄,打开瓶盖,用瓶盖轻轻敲击称量瓶上部,使试样慢慢落入坩埚中。当倾出的试样已接近所要称的质量时(要求称取$K_2Cr_2O_7 0.2 \sim 0.3g$),慢慢地将称量瓶竖起,用称量瓶盖轻轻敲击称量瓶上部,使黏附在瓶口上的试样落下,然后盖好瓶盖,将称量瓶放回天平盘上,称得其质量为m_3,$m_2 - m_3$即为试样的质量m_4,$m_1 + m_4$即为试样与坩埚的质量之和m_5。

(4)将盛有试样的坩埚放回天平盘上,称得其质量为m_6。实验要求称量的绝对差值小于10mg,即$m_5 - m_6 < 10mg$。若大于此值不合要求,分析原因后,再重称一次。

3.1.4.3 称量后的检查

(1)天平盘内有无物品,若有则用毛刷轻轻拂净;

(2)检查圈码有无脱落,读数盘是否回零;

(3)检查吊耳是否滑落,天平是否关好;

(4)检查砝码盒中砝码是否按数归还原位;

(5)调节天平零点;

(6)填写"使用登记",请指导教师检查签名后,罩好天平布罩,方可离开。

3.1.5 思考题

(1)在分析天平上取放物品或加减砝码(包括圈码)时,应特别注意哪些事项?

(2)以下操作是否正确?

1)称量时,每次都将砝码和物品放在天平盘的中央;

2)急速打开或关闭升降枢纽;

3)在砝码与称量物的质量相差悬殊的情况下,完全打开升降枢纽;

4)在半自动电光分析天平上若称得物体的质量恰巧为4.5000g,可记为4.5g。

(3)称量时,若刻度标尺偏向左方,需要加砝码还是减砝码?若刻度标尺偏向右方呢?

(4)使用砝码应注意什么?

附3-1:TG-328B 半自动电光分析天平的结构

半自动电光分析天平结构见图3-2。

(1)横梁。天平是通过横梁起杠杆作用来实现称量的。横梁上装有起支撑作用的玛瑙刀和

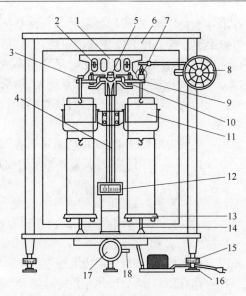

图 3-2 半自动电光分析天平

1—天平梁;2—平衡调节螺丝;3—吊耳;4—指针;5—玛瑙刀口;6—框罩;

7—圈码;8—圈码指数盘;9—支力销;10—托梁架;11—空气阻尼器;12—投影屏;

13—天平盘;14—托盘;15—螺旋脚;16—垫脚;17—旋钮;18—调零杆

调整计量性能的一些零件和螺丝。

1)支点刀和承重刀。横梁上装有三把三棱形的玛瑙刀或宝石刀。通过刀盒固定在横梁上,起承受和传递载荷的作用。中间为固定的支点刀(中刀),刀刃向下;两边为可调整的承重刀(边刀),刀刃向上。三把刀的刀刃平行,并处于同一平面上。刀的质地(如刀的夹角、刃部圆弧半径、光洁度等)及各刀间的相互位置都直接影响天平的计量性能,故使用时务必注意保护刀刃。

2)平衡螺丝。横梁两侧圆孔中间装有对称可调节的平衡螺丝,用以调节天平的零点。

3)重心球。横梁背后上部装有重心球,上下移动重心球可改变横梁重心的位置,起调节天平灵敏度的作用。

4)指针及微分标尺。为观测天平横梁的倾斜度,在横梁的下部装有与横梁相互垂直的指针,指针末端附有缩微刻度照相底板制成的微分标尺,从 -10 至 110 共 120 个分度,每分度代表 0.1mg。

(2)立柱。立柱是一个空心柱体,垂直地固定在底板上作为支撑横梁的基架。天平制动器的升降杆通过立柱空心孔,带动托梁架和托盘翼板上、下运动。立柱上装有:

1)刀承。安装在立柱顶端一个"土"字形的金属中刀承座上。

2)阻尼架。立柱中上部设有阻尼架,用以固定外阻尼筒。

3)水准器。装在立柱上供校正天平水平位置用。

(3)制动系统。制动系统是控制天平工作和制止横梁及称盘摆动的装置,包括开关旋钮、开关轴、升降杆、梁托架、盘托翼板、盘托等部件。

旋转开关旋钮可以使升降杆上升(或下降),带动托梁架、盘托翼板及盘托等同时下降(或上升),从而使天平进入工作(或休止)状态。为了保护刀刃,当天平不用时,应将横梁托起,使刀刃与刀承分开。

(4)悬挂系统。悬挂系统包括称盘、吊耳、内阻尼筒等部件,是天平载重及传递载荷的部件。

1）吊耳。两把边刀通过吊耳承受称盘、砝码和被称物体。这是一个设计得十分灵巧的装置（如图3-3所示）。不管被称物置于称盘上什么位置或横梁摆动时，吊耳背都能平稳地保持水平状态，使载荷的重力均匀地分布在吊耳背底部的刀承上。吊耳上一般都有区分左、右的标记，如"1"、"2"等，通常是左1、右2。右吊耳上还设有一条圈码承受架，供承受圈码用。

2）称盘。挂在吊耳钩的上挂钩内，供载重物（砝码或被称物）用，盘上刻有与吊耳相同的左、右标记。

3）阻力器。阻力器是利用空气阻力减慢横梁摆动的"速停装置"，由内筒和外筒组成。外筒固定在立柱上，内筒悬挂在吊耳钩的下钩槽内。通过调整外筒位置使其与悬挂的内筒保持同轴，防止两筒相互擦碰。

（5）框罩。框罩的作用除了保护天平外，还可以防止外界气流、热辐射、湿度、尘埃等的影响。框罩的前门只有在必要时（如装拆天平）才可打开。取放砝码和被称物只可由左、右边门出入，并随时关好边门。

1）底板。框罩和立柱都固定在底板上，底板一般由大理石制作。

2）底脚。底板下有三只底脚，前面两只为供调水平用的底脚，后面一只是固定的。每只底脚下有一只脚垫，起保护桌面的作用。

3）指数盘。指数盘（见图3-4）设在框罩右边门的上方，用以控制加码杆加减圈码。指数盘分内外两圈，上面刻有所加圈码的质量值。转动外圈可加 $100 \sim 900\,mg$，转动内圈可加 $10 \sim 90\,mg$。天平达到平衡时，可由标线处直接读出圈码的量值。如图3-4中的量值为 $320\,mg$。

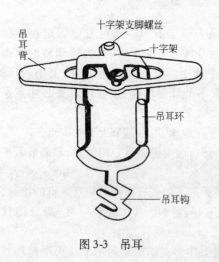

图3-3　吊耳

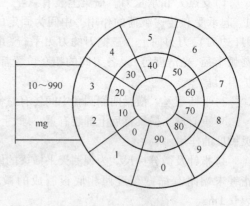

图3-4　指数盘

4）加码杆。加码杆通过一系列齿轮的组合与指数盘连接。杆端有小钩，用以挂圈码。TG-328 B型天平圈码的顺序从前到后依次为 $100\,mg$、$100\,mg$、$200\,mg$、$500\,mg$、$10\,mg$、$10\,mg$、$20\,mg$、$50\,mg$。

（6）光学读数系统。光学读数系统由变压器、灯泡、灯罩、聚光管、微分标尺、物镜、反射镜、投影屏等组成。聚光管将光源光变成平行光束；微分标尺的刻度经物镜放大 $10 \sim 20$ 倍，经反射镜反射到投影屏上；投影屏中央有一垂直的刻线，天平平衡时，该刻线与微分标尺的重合处就是天平的平衡位置，可方便地读取 $0.1 \sim 10\,mg$。左右拨动底板下的调零杆来移动投影屏，可作天平零点的微调。

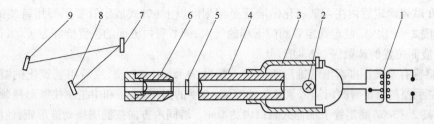

图 3-5　光学读数系统

1—变压器;2—灯泡;3—灯罩;4—聚光管;5—微分标盘;
6—物镜;7、8—反射镜;9—投影屏

(7)砝码组合。每台天平都附有一盒配套的砝码。为了便于称量,砝码的大小有一定的组合形式。与 TG-328B 型天平配套的砝码采用 5、2、2、1 组合形式,并按固定的顺序放在砝码盒中。重量相同的砝码其质量仍有微小的差别,故其面上打有标记以示区别。

3.2　酸碱滴定

3.2.1　实验目的

(1)学习锥形瓶、移液管、滴定管等玻璃仪器的洗涤方法;
(2)学会正确使用移液管、滴定管;
(3)掌握酸碱滴定的原理和操作方法,学会 NaOH 和 HCl 溶液浓度的测定。

3.2.2　实验原理

酸碱滴定法常用的标准溶液是 HCl 溶液和 NaOH 溶液,由于浓盐酸易挥发,氢氧化钠易吸收空气中的水分和二氧化碳,故不能直接配制成准确浓度的溶液,一般先配制成近似浓度,再用基准物质标定。

本实验选用草酸($H_2C_2O_4 \cdot 2H_2O$)作基准物质,标定 NaOH 溶液的准确浓度,反应式如下:

$$H_2C_2O_4 + OH^- \longrightarrow C_2O_4^{2-} + 2H_2O$$

反应达终点时,溶液呈弱碱性,用酚酞作指示剂。由此计算出 NaOH 溶液的准确浓度。

再用盐酸溶液滴定氢氧化钠溶液,反应式如下:

$$H^+ + OH^- \longrightarrow H_2O$$

反应达终点时,溶液呈中性,用甲基橙作指示剂。由此可计算出 HCl 溶液的准确浓度。

3.2.3　仪器和药品

仪器:滴定台一台;50mL 碱式滴定管一支;50mL 酸式滴定管一支;25mL 移液管一支;50mL 锥形瓶 2 个。

药品:0.1mol/LNaOH;0.1mol/LHCl;$H_2C_2O_4$ 标准溶液;酚酞;甲基橙;滤纸。

3.2.4　实验内容

3.2.4.1　氢氧化钠溶液浓度的标定

(1)用移液管移取 25.00mL 草酸标准溶液,注入锥形瓶内(**注意**:移液管需用草酸标准溶液润洗 2~3 次,而锥形瓶不能用草酸标准溶液洗涤,为什么?)。

(2)在碱式滴定管内注入氢氧化钠溶液至零刻度以上(碱式滴定管要不要用待装的氢氧化钠溶液润洗2~3次?),赶走滴定管阀门下端的气泡,调节管内液面的位置恰好为0.00,记下此时滴定管内液面位置的读数[V_1(NaOH)]。

(3)将盛有草酸标准溶液的锥形瓶内加入酚酞指示剂1~2滴,然后用氢氧化钠溶液滴定。滴定时,左手控制滴定管阀门滴入氢氧化钠溶液,右手的拇指、食指和中指拿住锥形瓶颈,使瓶底离滴定台高2~3cm,滴定管下端伸入瓶口内约1cm。沿同一方向按圆周摇动锥形瓶,使溶液混合均匀。滴定开始时,滴速可以快一些,但必须成滴而不能成线状流出。随着滴定的进行,滴落点周围出现暂时性的颜色变化,但随着摇动锥形瓶,颜色变化很快。接近终点时,滴落点周围颜色变化较慢,这时就应逐滴加入,加一滴后把溶液摇匀,观察颜色变化情况,决定是否还要滴加溶液。最后应控制液滴悬而不落,用锥形瓶内壁使液滴流下来(这时加入的是半滴溶液),用洗瓶吹洗锥形瓶内壁,摇匀。如此重复操作直至粉红色半分钟内不消失为止,即可认为到达终点,记下此时滴定管内液面位置的读数[V_2(NaOH)]。

平行滴定两次,若两次滴定所用氢氧化钠溶液的体积之差不超过0.20mL,即可取其平均值,计算氢氧化钠溶液的准确浓度。

3.2.4.2　盐酸溶液浓度的标定

将HCl溶液注入酸式滴定管中,赶走尖端的气泡,调节管内溶液的弯月面的位置恰好为0.00,记下此时滴定管内液面位置的读数[V_1(HCl)]。将上面已标定的氢氧化钠溶液从滴定管内放出20.00mL于一锥形瓶中,再加入2滴甲基橙溶液。

用HCl溶液滴定NaOH溶液,直至滴入1滴HCl溶液,使锥形瓶内溶液恰好由黄色变为橙色,记下此时滴定管内液面位置的读数[V_2(HCl)]。

平行滴定两次,若两次滴定所用HCl溶液的体积之差不超过0.20mL,即可取其平均值,计算HCl溶液的准确浓度。

3.2.5　思考题

(1)移液管在使用时要用待移取的溶液润洗2~3次,滴定管和锥形瓶在使用时是否也需要同样洗涤?

(2)量取30.0mL水需用什么仪器?量取25.00mL水需用什么仪器?

(3)在滴定管中装入溶液后,为什么先要把滴定管下端的气泡赶净?

(4)为什么每次滴定前,都要使滴定管内溶液的初读数从0.00刻度处开始?

3.3　化学反应速率和化学平衡

3.3.1　实验目的

(1)掌握浓度、温度、催化剂对反应速率的影响;

(2)掌握浓度、温度对化学平衡移动的影响;

(3)练习在水浴中进行恒温操作;

(4)学习根据实验数据作图。

3.3.2　实验原理

3.3.2.1　浓度、温度对反应速率的影响

碘酸钾和亚硫酸氢钠在水溶液中发生如下反应:

$$2KIO_3 + 5NaHSO_3 \longrightarrow Na_2SO_4 + 3NaHSO_4 + K_2SO_4 + I_2\downarrow + H_2O$$

反应中生成的碘遇淀粉变为蓝色。如果在反应物中预先加入淀粉作指示剂,则淀粉变蓝色所需的时间可以用来表示反应速率的大小。通过改变碘酸钾的浓度及改变反应温度可看出浓度、温度对反应速率的影响。

3.3.2.2 催化剂对反应速率的影响

(1)高锰酸钾和草酸在酸性溶液中的反应如下:

$$2KMnO_4(紫红色) + 5H_2C_2O_4 + 3H_2SO_4 \longrightarrow 2MnSO_4 + 10CO_2\uparrow + K_2SO_4 + 8H_2O$$

反应速率可由高锰酸钾的紫红色褪去时间长短来指示。通过加入硫酸锰溶液可看出催化剂(Mn^{2+})对反应速率的影响。

(2)过氧化氢的分解反应如下:

$$2H_2O_2 \longrightarrow 2H_2O + O_2\uparrow$$

反应速率可由气泡产生的快慢来指示。通过加入二氧化锰可看出催化剂对反应速率的影响。

3.3.2.3 浓度对化学平衡移动的影响

(1)氯化铁和硫氰酸铵在水溶液中发生如下反应:

$$Fe^{3+} + nSCN^- \rightleftharpoons [Fe(SCN)_n]^{3-n}(血红色)$$

当反应达到平衡状态时,通过加入氯化铁溶液后溶液颜色的变化可看出浓度对化学平衡移动的影响。

(2)硫酸铜水溶液中,Cu^{2+}以水合离子$[Cu(H_2O)_4]^{2+}$形式存在,当加入一定量 Br^-后,发生下列反应:

$$[Cu(H_2O)_4]^{2+}(蓝色) + 4Br^- \rightleftharpoons [CuBr_4]^{2-}(黄色) + 4H_2O$$

通过加入溴化钾后溶液颜色的变化可看出浓度对化学平衡移动的影响。

3.3.2.4 温度对化学平衡移动的影响

(1)化学反应:

$$[Cu(H_2O)_4]^{2+} + 4Br^- \rightleftharpoons [CuBr_4]^{2-} + 4H_2O$$

为吸热反应,通过改变温度后溶液颜色的变化可看出温度对化学平衡移动的影响。

(2)二氧化氮与四氧化二氮的平衡反应为:

$$2NO_2(g)(红棕色) \rightleftharpoons N_2O_4(g)(无色) \qquad \Delta H = -54.43kJ/mol$$

通过改变温度后混合气体颜色的变化可看出温度对化学平衡移动的影响。

3.3.3 仪器和药品

仪器:秒表;温度计;量筒;烧杯;NO_2平衡仪。

药品:MnO_2;KBr;H_2SO_4(3mol/L);$H_2C_2O_4$(0.05mol/L);KIO_3(0.05mol/L);$NaHSO_3$(0.05mol/L,带有淀粉);$KMnO_4$(0.01mol/L);$MnSO_4$(0.1mol/L);$FeCl_3$(0.1mol/L);NH_4SCN(0.1mol/L);$CuSO_4$(1mol/L);KBr(2mol/L);H_2O_2(3%)。

3.3.4 实验内容

3.3.4.1 浓度对反应速率的影响

用量筒量取10mL 0.05mol/L $NaHSO_3$溶液和35mL水,倒入小烧杯中,搅拌均匀。再用量筒量取 5mL 0.05mol/L KIO₃溶液,迅速倒入小烧杯中,立即计时,并搅拌溶液,记录溶液变为蓝色的时间,并填入表 3-1 中。用同样方法按表 3-1 编号进行实验。

表 3-1　浓度对反应速率的影响实验数据表

实验编号	NaHSO₃体积/mL	H₂O 体积/mL	KIO₃体积/mL	溶液变蓝时间 t/s	$\dfrac{1}{t}$/s⁻¹	$c(KIO_3)$ /mol·L⁻¹
1	10	35	5			
2	10	30	10			
3	10	25	15			
4	10	20	20			

根据上列实验数据,以 $c(KIO_3)$ 为横坐标,$1/t$ 为纵坐标,绘制曲线。

3.3.4.2　温度对反应速率的影响

在小烧杯中混合 10mL 0.05mol/L NaHSO₃溶液和 35mL 水,在试管中加入 5mL 0.05mol/L KIO₃溶液,将小烧杯和试管同时放在水浴中(大烧杯盛水作水浴),加热到比室温高出约 10℃,将 KIO₃溶液倒入 NaHSO₃溶液中,立即计时,并搅拌溶液,记录溶液变为蓝色的时间,并填入表 3-2 中。

表 3-2　温度对反应速率的影响实验数据表

实验编号	NaHSO₃体积 /mL	H₂O 体积 /mL	KIO₃体积 /mL	实验温度 /℃	溶液变蓝时间 t/s
1	10	35	5		
2	10	35	5		

根据实验结果,说明温度对反应速率的影响。

3.3.4.3　催化剂对反应速率的影响

(1)均相催化。在两支试管中做表 3-3 中的实验。

表 3-3　催化剂对反应速率的影响实验数据表(1)

实验编号	H₂SO₄ (3mol/L)	MnSO₄ (0.1mol/L)	H₂O	H₂C₂O₄ (0.05mol/L)	KMnO₄ (0.01mol/L)	紫色褪去 时间 t/s
1	1mL	10 滴		3mL	3 滴	
2	1mL		10 滴	3mL	3 滴	

根据实验结果,说明催化剂对反应速率的影响。

(2)多相催化。在试管中做表 3-4 中的实验。

表 3-4　催化剂对反应速率的影响实验数据表(2)

实验编号	H₂O₂(3%)	MnO₂ 粉末	有否气泡
1	1mL		
2	1mL	少量	

根据实验结果,说明催化剂对反应速率的影响。

3.3.4.4 浓度对化学平衡移动的影响

(1)在两支试管中做表 3-5 实验。

表 3-5 浓度对化学平衡移动的影响实验(1)

实验编号	H_2O	$FeCl_3(0.1mol/L)$	$NH_4SCN(0.1mol/L)$	现象及解释
1	5mL	1 滴	1 滴	
2	5mL	1 滴	1 滴后,再逐滴加 5 滴	

根据实验结果,说明浓度对化学平衡的影响。

(2)在三支试管中做表 3-6 中的实验。

表 3-6 浓度对化学平衡移动的影响实验(2)

实验编号	$CuSO_4(1mol/L)$	$KBr(2mol/L)$	固体 KBr	现象及解释
1	10 滴			
2	5 滴	5 滴		
3	5 滴	5 滴	少量	

根据实验结果,说明浓度对化学平衡的影响。

3.3.4.5 温度对化学平衡移动的影响

(1)在两支试管中做表 3-7 中的实验。

表 3-7 温度对化学平衡移动的影响实验(1)

实验编号	$CuSO_4(1mol/L)$	$KBr(2mol/L)$	加 热	现象及解释
1	1mL	1mL		
2	1mL	1mL	√	

根据实验结果,说明温度对化学平衡的影响。

(2)用 NO_2 平衡仪做表 3-8 中的实验。

表 3-8 温度对化学平衡移动的影响实验(2)

浸入热水中现象	浸入凉水中现象	解 释

根据实验结果,说明温度对化学平衡的影响。

3.3.5 思考题

(1)影响化学反应速率的因素有哪些?

(2)如何应用平衡移动原理判断浓度、温度的变化对化学平衡移动方向的影响?

(3)根据 NO_2 和 N_2O_4 的平衡实验说明,升高温度时,$p(NO_2)$、$p(N_2O_4)$、$K^\ominus$ 将如何变化,平衡将向什么方向移动?

3.4 弱酸电离常数的测定—pH 值测定法

3.4.1 实验目的

(1)掌握 pH 值法测定弱酸离解平衡常数的原理和方法;

（2）学会使用酸度计。

3.4.2　实验原理

醋酸在水溶液中存在下列离解平衡：

$$HAc \rightleftharpoons H^+ + Ac^-$$

其离解常数的表达式为：

$$K_{HAc}^{\ominus} = \frac{c'(H^+)c'(Ac^-)}{c'(HAc)} \tag{3-1}$$

设醋酸的起始浓度为 c，平衡时 $c'(H^+) = c'(Ac^-) = x$，代入上式（3-1），可得到：

$$K_{HAc}^{\ominus} = \frac{x^2}{c' - x} \tag{3-2}$$

在一定温度下，用酸度计测定一系列已知浓度的醋酸的 pH 值，根据 $pH = -\lg c'(H^+)$，换算出 $c'(H^+)$，代入式（3-2）中，可求得一系列对应的 $K_{HAc}^{\ominus}$ 值，取其平均值，即为该温度下醋酸的离解常数。

3.4.3　仪器和药品

仪器：pHS-25 型酸度计；复合电极；50mL 小烧杯 4 个；50mL 量筒 1 个。
药品：HAc（已标定）；缓冲溶液（定位液 pH=4.01）。

3.4.4　实验内容

3.4.4.1　配制不同浓度的醋酸溶液

用 50mL 量筒量取已标定的 HAc 溶液 25.0mL、10.0mL、5.0mL 分别倒入 3 个干燥的 50mL 小烧杯中，分别加入 25.0mL、40.0mL、45.0mL 蒸馏水，摇匀，求出上述三种 HAc 溶液的浓度，编号为 2～4 号，已标定的 HAc 溶液编为 1 号（见表3-9）。

表 3-9　不同浓度的醋酸溶液实验数据表（实验温度＿＿＿＿℃）

实验编号	HAc 的体积（已标定）	H_2O 的体积	HAc 的浓度	溶液 pH 值	$c'(H^+)$	$K_{HAc}^{\ominus}$
1	50.0mL	0.0mL				
2	25.0mL	25.0mL				
3	10.0mL	40.0mL				
4	5.0mL	45.0mL				

3.4.4.2　醋酸溶液 pH 值的测定

将表 3-9 中的编号 4～1 的溶液由稀到浓，分别用 pHS-25 型酸度计测定它们的 pH 值，记录各份溶液的 pH 值及实验时的温度。计算各溶液中醋酸的离解常数。

3.4.5　思考题

（1）本实验测定 HAc 离解常数的原理是什么？
（2）若改变所测 HAc 溶液的浓度或温度，对离解常数有无影响？
（3）怎样配制不同浓度的 HAc 溶液？如何计算？
（4）弱电解质的离解度与溶液的 $c(H^+)$ 和溶液浓度之间的关系如何？如何知道 pH 计已校正好？

附 3 –2:酸度计(pHS –25)型结构和使用方法

1. 外部结构(见图 3-6)

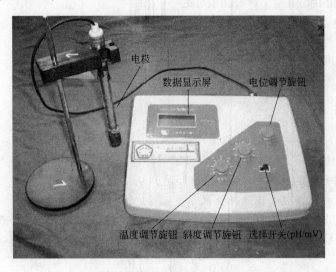

图 3-6　pHS-25 型酸度计的外部结构

2. 操作步骤

(1)开机:按下电源开关,电源接通后,预热 10min。

(2)仪器选择开关置"pH"档或"mV"档。

(3)标定:仪器使用前先要标定。一般说,如果仪器连续使用,只需最初标定一次。具体操作分两种:

1)一点校正法——用于分析精度要求不高的情况。

①仪器插上电极,选择开关置于 pH 档。

②仪器斜率调节器在 100% 位置(即顺时针旋到底的位置)。

③选择一种最接近样品 pH 值的缓冲溶液(pH =7),把电极放入这一缓冲溶液中,调节温度调节器,使所指示的温度与溶液的温度相同,并摇动烧杯,使溶液均匀。

④待读数稳定后,该读数应为缓冲溶液的 pH 值,否则调节定位调节器。

⑤清洗电极,并吸干电极球泡表面的余水。

2)二点校正法——用于分析精度要求较高的情况。

①仪器插上电极,选择开关置于 pH 档,仪器斜率调节器调节在 100% 位置。

②选择二种缓冲溶液(也即被测溶液的 pH 值在该二种之间或接近的情况,如 pH =4 和 pH =7)。

③把电极放入第一缓冲溶液(pH =7),调节温度调节器,使所指示的温度与溶液相同。

④待读数稳定后,该读数应为缓冲溶液的 pH 值,否则调节定位调节器。

⑤把电极放入第二种缓冲溶液(如 pH =4),摇动烧杯使溶液均匀。

⑥待读数稳定后,该读数应为缓冲溶液的 pH 值,否则调节定位调节器。

⑦清洗电极,并吸干电极球泡表面的余水。

(4)测量仪器标定后即可用来测量被测溶液。

1)定位调节旋钮及斜率调节旋钮,不应变动。

2)将电极夹向上移出,用蒸馏水清洗电极头部,并用滤纸吸干。

3）把电极插在被测溶液内，摇动烧杯使溶液均匀，读数稳定后，读出该溶液的 pH 值。

3.5 缓冲溶液的配制与 pH 值的测定

3.5.1 实验目的

(1) 了解缓冲溶液的配制原理及缓冲溶液的性质；
(2) 掌握溶液配制的基本实验方法，学习 pH 计的使用方法。

3.5.2 实验原理

3.5.2.1 缓冲溶液的概念

在一定程度上能抵抗外加少量强酸、强碱或稀释，而保持溶液 pH 值基本不变的作用称为缓冲作用。具有缓冲作用的溶液称为缓冲溶液。

3.5.2.2 缓冲溶液组成及计算公式

缓冲溶液一般是由弱酸和弱酸盐，或弱碱和弱碱盐组成的，即缓冲溶液由共轭酸碱对组成的，例如 HAc – NaAc 缓冲溶液。则有：

$$c'(\mathrm{H}^+) = K_{\mathrm{HAc}}^{\ominus} \frac{c'(\mathrm{HAc})}{c'(\mathrm{NaAc})} \tag{3-3}$$

$$\mathrm{pH} = -\lg K_{\mathrm{HAc}}^{\ominus} - \lg \frac{c'(\mathrm{HAc})}{c'(\mathrm{NaAc})} \tag{3-4}$$

3.5.2.3 缓冲溶液性质

(1) 抗酸、碱，抗稀释作用。因为缓冲溶液中具有抗酸成分和抗碱成分，所以加入少量强酸或强碱，其 pH 值基本上是不变的。稀释缓冲溶液时，酸和碱的浓度比值不改变，适当稀释不影响其 pH 值。

(2) 缓冲容量。缓冲容量是衡量缓冲溶液缓冲能力大小的尺度。缓冲容量的大小与缓冲组分浓度和缓冲组分的比值有关。缓冲组分浓度越大，缓冲容量越大；缓冲组分比值为 1 时，缓冲容量最大。

3.5.3 仪器和药品

仪器：pHS – 3C 酸度计；试管；量筒(100mL；10mL)；烧杯(100mL；50mL)；吸量管(10mL)；广泛 pH 试纸；精密 pH 试纸；吸水纸等。

酸：HAc(0.1mol/L；1mol/L)；HCl(0.1mol/L)；pH =4 的 HCl；

碱：NH₃ · H₂O(0.1mol/L)；NaOH(0.1mol/L；1mol/L)；pH =10 的 NaOH；

盐：NaAc(0.1mol/L；1mol/L)，NaH₂PO₄(0.1mol/L)；Na₂HPO₄(0.1mol/L)NH₄Cl(0.1mol/L)；

其他：pH =4.00 标准缓冲溶液；pH =9.18 标准缓冲溶液；甲基红溶液。

3.5.4 实验步骤

3.5.4.1 缓冲溶液的配制与 pH 值的测定

按照表 3-10 计算配制三种不同 pH 值的缓冲溶液，然后用精密 pH 试纸和 pH 计分别测定它们的 pH 值。比较理论计算值与两种测定方法实验值是否相符(溶液留作后面实验用)。

表 3-10 缓冲溶液的配制与 pH 值的测定实验数据表

实验编号	理论 pH 值	50mL 缓冲溶液中		pH 值测定值	
		组 分	体积/mL	精密 pH 试纸	pH 计
1	4.0	0.1mol/L HAc			
		0.1mol/L NaAc			
2	7.0	0.1mol/L NaH$_2$PO$_4$			
		0.1mol/L Na$_2$HPO$_4$			
3	10.0	0.1mol/L NH$_3$·H$_2$O			
		0.1mol/L NH$_4$Cl			

3.5.4.2 缓冲溶液的性质

(1)取 3 支洁净试管,依次加入蒸馏水、pH =4 的 HCl 溶液、pH =10 的 NaOH 溶液各 3mL,用 pH 试纸测其 pH 值,然后向各管加入 5 滴 0.1mol/L HCl 溶液,再测其 pH 值。用相同的方法,试验 5 滴 0.1mol/L NaOH 溶液对上述三种溶液 pH 值的影响。将结果记录在表 3-11 中。

(2)取 3 支试管,依次加入表 3-10 中自己配制的 pH =4.0、pH =7.0、pH =10.0 的缓冲溶液各 3mL。然后向各管加入 5 滴 0.1mol/L HCl,用精密 pH 试纸测其 pH 值。用相同的方法,试验 5 滴 0.1mol/L NaOH 对上述三种缓冲溶液 pH 值的影响。将结果记录在表 3-11 中。

(3)取 4 支试管,依次加入 pH =4.0 的缓冲溶液,pH =4 的 HCl 溶液,pH =10 的 NaOH 溶液各 1mL,用精密 pH 试纸测定各管中溶液的 pH 值。然后向各管中加入 10mL 水,混匀后再用精密 pH 试纸测其 pH 值,将实验结果记录于表 3-11。

表 3-11 缓冲溶液的性质实验数据表

实验编号	溶液类别	pH 值			
		原 始	加 5 滴 0.1mol/L HCl	加 5 滴 0.1mol/L NaOH	加 10mL 水
1	蒸馏水				
2	pH =4 的 HCl 溶液				
3	pH =10 的 NaOH 溶液				
4	pH =4.0 的缓冲溶液				
5	pH =7.0 的缓冲溶液				
6	pH =10 的缓冲溶液				

通过以上实验结果,说明缓冲溶液的什么性质?

3.5.4.3 缓冲溶液的缓冲容量

(1)缓冲容量与缓冲组分浓度的关系。取两支大试管,在一试管中加入 0.1mol/L HAc 和 0.1mol/L NaAc 各 3mL,另一试管中加入 1mol/L HAc 和 1mol/L NaAc 各 3mL,混匀后用精密 pH 试纸测定两试管内溶液的 pH 值(是否相同)?在两试管中分别滴入 2 滴甲基红指示剂,溶液呈 何色?(甲基红在 pH <4.2 时呈红色,pH >6.3 时呈黄色)。然后在两试管中分别逐滴加入

1mol/LNaOH 溶液(每加入 1 滴 NaOH 均需摇匀),直至溶液的颜色变成黄色。记录各试管所滴入 NaOH 的滴数,说明哪一试管中缓冲溶液的缓冲容量大。

(2)缓冲容量与缓冲组分比值的关系。取两支大试管,用吸量管在一试管中加入 NaH$_2$PO$_4$ 和 Na$_2$HPO$_4$ 各 10mL,另一试管中加入 2mL 0.1mol/L NaH$_2$PO$_4$ 和 18mL 0.1mol/L Na$_2$HPO$_4$,混匀后用精密 pH 试纸分别测量两试管中溶液的 pH 值。然后在每个试管中各加入 1.8mL 0.1mol/L NaOH,混匀后再用精密 pH 试纸分别测量两试管中溶液的 pH 值。说明哪一试管中缓冲溶液的缓冲容量大。

3.5.5　思考题

(1)为什么缓冲溶液具有缓冲作用?

(2)NaHCO$_3$ 溶液是否具有缓冲作用,为什么?

(3)用 pH 计测定溶液 pH 值时,已经标定的仪器,"定位"调节是否可以改变位置,为什么?

3.5.6　注意事项

(1)缓冲溶液的配制要注意 pH 值的精确度。

(2)了解 pH 计的正确使用方法,注意电极的保护。

3.6　离解平衡和沉淀反应

3.6.1　实验目的

(1)掌握并验证同离子效应对弱电解质离解平衡的影响;

(2)学习缓冲溶液的配制,并验证其缓冲作用;

(3)掌握并验证浓度、温度对盐类水解平衡的影响;

(4)了解沉淀的生成和溶解条件以及沉淀的转化。

3.6.2　实验原理

弱电解质溶液中加入少量含有相同离子的另一强电解质时,使弱电解质的离解程度降低,这种效应称为同离子效应。

弱酸及其盐或弱碱及其盐的混合溶液,当将其稀释或在其中加入少量的强酸或强碱时,溶液的 pH 值改变很少,这种溶液称作缓冲溶液。缓冲溶液的 pH 值(以 HAc 和 NaAc 为例)可用下式计算:

$$pH = -\lg K_a^{\ominus} - \lg \frac{c'(酸)}{c'(盐)} = -\lg K_a^{\ominus} - \lg \frac{c'(HAc)}{c'(Ac^-)}$$

在难溶电解质的饱和溶液中,未溶解的难溶电解质和溶液中相应的离子之间建立了多相离子平衡。例如在 PbI$_2$ 饱和溶液中,建立了如下平衡:

$$PbI_2(固) \rightleftharpoons Pb^{2+} + 2I^-$$

其平衡常数的表达式为 $K_{sp}^{\ominus} = c'(Pb^{2+}) \cdot c'(I^-)^2$,称为 PbI$_2$ 溶度积。

根据溶度积规则可判断沉淀的生成和溶解,当将 Pb(Ac)$_2$ 和 KI 两种溶液混合时,如果:

(1)$c'(Pb^{2+}) \cdot c'(I^-)^2 > K_{sp}^{\ominus}$,溶液过饱和,有沉淀析出;

(2)$c'(Pb^{2+}) \cdot c'(I^-)^2 = K_{sp}^{\ominus}$,溶液饱和;

(3)$c'(Pb^{2+}) \cdot c'(I^-)^2 < K_{sp}^{\ominus}$,溶液未饱和,无沉淀析出。

使一种难溶电解质转化为另一种难溶电解质,即把一种沉淀转化为另一种沉淀的过程称为沉淀的转化,对于同一种类型的沉淀,溶度积大的难溶电解质易转化为溶度积小的难溶电解质。对于不同类型的沉淀,能否进行转化,要具体计算溶解度。

3.6.3 仪器和药品

仪器:试管、角匙、100mL 小烧杯、量筒。

药品:HAc(0.1mol/L,0.10mol/L);HCl(0.1mol/L;2mol/L);$NH_3 \cdot H_2O$(0.1mol/L,2mol/L);NaOH(0.1mol/L);NH_4Ac(s);NaAc(1mol/L,0.1mol/L);NH_4Cl(1mol/L);$BiCl_3$(0.1mol/L);$MgSO_4$(0.1mol/L);$ZnCl_2$(0.1mol/L);$Pb(Ac)_2$(0.01mol/L);Na_2S(0.1mol/L);KI(0.02mol/L);酚酞;甲基橙;pH 试纸。

3.6.4 实验内容

3.6.4.1 同离子效应和缓冲溶液

(1)在试管中加入 2mL 0.1mol/L 氨水,再加入一滴酚酞溶液,观察溶液显什么颜色?再加入少量 NH_4Ac 固体,摇动试管使其溶解,观察溶液颜色有何变化?说明原因。

(2)在试管中加入 2mL 0.1mol/L HAc,再加入一滴甲基橙,观察溶液显什么颜色?再加入少量 NH_4Ac 固体,摇动试管使其溶解,观察溶液颜色有何变化?说明原因。

(3)在烧杯中加入 10mL 0.1mol/L HAc 和 10mL 0.1mol/L NaAc,搅匀,用 pH 试纸测定其 pH 值,然后将溶液分成两份,一份加入 10 滴 0.1mol/L HCl,测其 pH 值,另一份加入 10 滴 0.1mol/L NaOH,测其 pH 值。

于另一烧杯中加入 10mL 蒸馏水,重复上述实验。

说明缓冲溶液的作用是什么?

3.6.4.2 盐类的水解和影响水解的因素

A 酸度对水解平衡的影响

在试管中加入 2 滴 0.1mol/L $BiCl_3$ 溶液,加入 1mL 水,观察沉淀的产生,往沉淀中滴加 2mol/L HCl 溶液,至沉淀刚好消失。

$$BiCl_3 + H_2O \longrightarrow BiOCl \downarrow + 2HCl$$

B 温度对水解平衡的影响

取绿豆大小的 $Fe(NO_3)_3 \cdot 9H_2O$ 晶体,用少量蒸馏水溶解后,将溶液分成两份,第一份留作比较,第二份用小火加热煮沸。溶液发生什么变化?说明加热对水解的影响。

3.6.4.3 沉淀的生成和溶解

(1)在试管中加入 1mL 0.1mol/L $MgSO_4$ 溶液,加入 2mol/L 氨水数滴,此时生成的沉淀是什么?再向此溶液中加入 1mol/L NH_4Cl 溶液,观察沉淀是否溶解。解释观察到的现象,写出相关反应式。

(2)取 2 滴 0.1mol/L $ZnCl_2$ 溶液加入试管中,加入 2 滴 0.1mol/L Na_2S 溶液,观察沉淀的生成和颜色,再在试管中加入数滴 2mol/L HCl,观察沉淀是否溶解?写出相关反应式。

3.6.4.4 沉淀的转化

取 10 滴 0.01mol/L $Pb(Ac)_2$ 溶液加入试管中,加入 2 滴 0.02mol/L KI 溶液,振荡,观察沉淀的颜色,再在其中加入 0.1mol/L Na_2S 溶液,边加边振荡,直到黄色消失,黑色沉淀生成为止,解释观察到的现象,写出相关反应式。

3.6.5　思考题

（1）同离子效应与缓冲溶液的原理有何异同？

（2）如何抑制或促进水解？举例说明。

（3）是否一定要在碱性条件下，才能生成氢氧化物沉淀？不同浓度的金属离子溶液，开始生成氢氧化物沉淀时，溶液的 pH 值是否相同？

3.7　由粗食盐制备试剂级氯化钠

3.7.1　实验目的

（1）通过沉淀反应；了解氯化钠的提纯原理；

（2）练习台秤和电加热套的使用方法；

（3）掌握溶解、减压过滤、蒸发浓缩、结晶、干燥等基本操作。

3.7.2　实验原理

粗食盐中含有不溶性杂质（如泥沙等）和可溶性杂质（主要是 Ca^{2+}、Mg^{2+}、K^+ 和 SO_4^{2-}）。不溶性杂质，可用溶解和过滤的方法除去。可溶性杂质，可用下列方法除去，在粗食盐溶液中加入稍微过量的 $BaCl_2$ 溶液时，即可将 SO_4^{2-} 转化为难溶解的 $BaSO_4$ 沉淀而除去。

$$Ba^{2+} + SO_4^{2-} = BaSO_4 \downarrow$$

将溶液过滤，除去 $BaSO_4$ 沉淀，再加入 NaOH 和 Na_2CO_3 溶液，由于发生下列反应：

$$Mg^{2+} + 2OH^- = Mg(OH)_2 \downarrow$$
$$Ca^{2+} + CO_3^{2-} = CaCO_3 \downarrow$$
$$Ba^{2+} + CO_3^{2-} = BaCO_3 \downarrow$$

食盐溶液中杂质 Mg^{2+}、Ca^{2+} 以及沉淀 SO_4^{2-} 时加入的过量 Ba^{2+} 便相应转化为难溶的 $Mg(OH)_2$、$CaCO_3$、$BaCO_3$ 沉淀而通过过滤的方法除去。

过量的 NaOH 和 Na_2CO_3 可以用盐酸中和除去。

少量可溶性杂质（如 KCl）由于含量很少，在蒸发浓缩和结晶过程中仍留在溶液中，不会和 NaCl 同时结晶出来。

3.7.3　仪器和药品

仪器：台秤；烧杯；玻璃棒；量筒；布氏漏斗；吸滤瓶；循环水真空泵；蒸发皿；试管。

药品：HCl（2mol/L）；NaOH（2mol/L）；$BaCl_2$：（1mol/L）；Na_2CO_3（1mol/L）；$(NH_4)_2C_2O_4$（0.5mol/L）；粗食盐（s）；镁试剂；pH 试纸；滤纸。

3.7.4　实验内容

3.7.4.1　粗食盐的提纯

（1）在台秤上，称取 5.0g 研细的粗食盐，放入小烧杯中，加约 20mL 蒸馏水，用玻璃棒搅动，并加热使其溶解，至溶液沸腾时，在搅动下一滴一滴加入 1mol/L $BaCl_2$ 溶液至沉淀完全（约 2mL）继续加热，使 $BaSO_4$ 颗粒长大而易于沉淀和过滤。为了试验沉淀是否完全，可将烧杯从热源上取下，待沉淀沉降后，在上层清液中加入 1～2 滴 $BaCl_2$ 溶液，观察澄清液中是否还有混浊现象，如果无混浊现象，说明 SO_4^{2-} 已完全沉淀，如果仍有混浊现象，则需继续滴加 $BaCl_2$，直至上层清液再加

入一滴 $BaCl_2$ 后,不再产生混浊现象为止。沉淀完全后,继续加热至沸,以使沉淀颗粒长大而易于沉降。减压抽滤,滤液移至干净烧杯中。

(2)在滤液中加入 1mL 2mol/L NaOH 和 3mL 1mol/L Na_2CO_3,加热至沸,待沉淀沉降后,在上层清液中滴加 1mol/L Na_2CO_3 溶液至不再产生沉淀为止,减压抽滤,滤液移至干净的蒸发皿中。

(3)在滤液中逐滴加入 2mol/L HCl,并用玻璃棒蘸取滤液在 pH 试纸上试验,直至溶液呈微酸性为止(pH≈6)。为什么?

(4)用水浴加热蒸发皿进行蒸发,浓缩至稀粥状的稠液为止,但切不可将溶液蒸发至干(注意防止蒸发皿破裂)。

(5)冷却后,将晶体减压抽滤、吸干,将结晶放在蒸发皿中,在石棉网上用小火加热干燥。

(6)称出产品的质量,并计算其百分产率。

3.7.4.2　产品纯度的检验

取少量(约 1g)提纯前和提纯后的食盐分别用 5mL 蒸馏水加热溶解,然后各盛于三支试管中,分成三组,对照检验它们的纯度。

(1)SO_4^{2-} 的检验:在第一组溶液中分别加入 2 滴 1mol/L $BaCl_2$ 溶液,比较沉淀产生的情况,在提纯的食盐溶液中应该无沉淀产生。

(2)Ca^{2+} 的检验:在第二组溶液中,各加入 2 滴 0.5mol/L 草酸铵$(NH_4)_2C_2O_4$ 溶液,在提纯的食盐溶液中无白色难溶的草酸钙 CaC_2O_4 沉淀产生。

(3)Mg^{2+} 的检验:在第三组溶液中,各加入 2~3 滴 1mol/L NaOH 溶液,使溶液呈碱性(用 pH 试纸试验),再各加入 2~3 滴"镁试剂",在提纯的食盐中应无天蓝色沉淀产生。

镁试剂是一种有机染料,它在酸性溶液中呈黄色,在碱性溶液中呈红色或紫色,但被 $Mg(OH)_2$ 沉淀吸附后,则呈天蓝色,因此可以用来检验 Mg^{2+} 的存在。

3.7.5　思考题

(1)怎样除去粗食盐中不溶性的杂质?

(2)试述除去粗食盐中杂质 Mg^{2+}、Ca^{2+}、K^+ 和 SO_4^{2-} 等离子的方法,并写出有关反应方程式。

(3)试述除去过量的沉淀剂 $BaCl_2$、NaOH 和 Na_2CO_3 的方法。

(4)在除去过量的沉淀剂 NaOH、Na_2CO_3 时,为什么需用 HCl 调节溶液呈微酸性(pH≈6)?若酸度或碱度过大,有何影响?

(5)怎样检验提纯后的食盐的纯度?

3.8　氧化还原反应

3.8.1　实验目的

(1)了解电极电势与氧化还原反应的关系;

(2)验证浓度对氧化还原反应的影响;

(3)掌握电解的原理。

3.8.2　实验原理

电极电势可以判断氧化剂、还原剂的相对强弱。电极电势愈大,电对中氧化型物质的氧化能力愈强,电极电势愈小,电对中还原型物质的还原能力愈强。

电对中氧化态和还原态物质的浓度、介质的酸度对电极电势均有影响,其结果将影响到氧化还原反应进行的方向。

例如,电极反应:

$$MnO_4^- + 8H^+ + 5e \longrightarrow Mn^{2+} + 4H_2O$$

根据能斯特方程式,在25℃时有:

$$E(MnO_4^-/Mn^{2+}) = E^\ominus(MnO_4^-/Mn^{2+}) + \frac{0.0592}{5}lg\frac{c(MnO_4^-) \cdot [c'(H^+)]^8}{c'(Mn^{2+})}$$

$$= 1.512V + \frac{0.0592}{5}lg\frac{c'(MnO_4^-) \cdot [c'(H^+)]^8}{c'(Mn^{2+})}$$

3.8.3 仪器和药品

仪器:12V 电源;试管。

固体药品:$(NH_4)_2Fe(SO_4)_2$;Na_2SO_3。

酸:2mol/L H_2SO_4;2mol/L HAc;3mol/L HNO_3;浓 HNO_3。

碱:6mol/L NaOH 溶液。

盐:0.1mol/L KI 溶液;0.1mol/L KBr 溶液;0.1mol/L $FeCl_3$ 溶液;0.01mol/L $KMnO_4$ 溶液;0.1mol/L $K_3[Fe(CN)_6]$ 溶液;饱和 NaCl 溶液。

其他:I_2 水;Br_2 水;淀粉 KI 溶液;CCl_4。

3.8.4 实验内容

3.8.4.1 电极电势与氧化还原反应的关系

(1)在试管中加入 1mL 0.1mol/L KI 溶液及 1 滴 0.1mol/L $FeCl_3$ 溶液,摇匀后再加入 1mL CCl_4,充分振荡,观察 CCl_4 层中的颜色。然后在其中加入约 5mL 蒸馏水及 1 滴 0.1mol/L $K_3[Fe(CN)_6]$ 溶液,观察水溶液中颜色的变化,写出有关反应式。

用 KBr 溶液代替 KI 溶液,实验是否有反应发生,为什么?

(2)在两支试管中各加入少许固体 $(NH_4)_2Fe(SO_4)_2$,用 2mL 水溶解,然后分别加入 2~3 滴 I_2 水和 Br_2 水,再各加入 1mL CCl_4,充分振荡,判断反应是否进行。

写出上述(1)、(2)两反应的有关离子方程式。根据实验结果,定性比较 Br_2/Br^-、I_2/I^-、Fe^{3+}/Fe^{2+} 三个电对的电极电势的相对高低。

3.8.4.2 酸度对电极电势的影响

在两支试管中各加入 1mL 0.1mol/L KBr 溶液,再分别加入 2 滴 2mol/L H_2SO_4 溶液、3 滴 2mol/L HAc 溶液,然后各加入 1 滴 0.01mol/L $KMnO_4$ 溶液,观察和比较两反应的现象,并加以解释,写出反应方程式。

3.8.4.3 浓度对氧化还原反应的影响

在两支试管中各加入 2mL 浓 HNO_3 和 2mL 3mol/L HNO_3,在第二支试管中加 2mL 蒸馏水冲稀,再各加入 1 粒锌粒,观察第一支试管中有无红棕色气体生成,检验第二支试管中有无生成。

3.8.4.4 介质对氧化还原产物的影响

在三支试管中,各加入 1mL 0.01mol/L $KMnO_4$ 溶液,然后在第一支试管中加入 1mL 2mol/L H_2SO_4 溶液,在第二支试管中加入 3~5 滴 6mol/L NaOH 溶液,在第三支试管中加入 1mL 蒸馏水,再向三支试管中各加入少许 Na_2SO_3 固体,观察反应现象有何不同,写出反应方程式。

3.8.4.5 电解饱和食盐水

将饱和食盐水溶液装入 U 形管中,在阳极附近的液面上滴一滴淀粉 KI 溶液,阴极附近液面滴一滴酚酞试液,接通电源,观察现象,写出电极反应和总反应方程式。

3.8.5 思考题

(1)如何判断氧化还原反应进行的方向?

(2)浓度是如何影响氧化还原反应的?

(3)在不同的介质中,$KMnO_4$的还原产物分别是什么?

3.9 缓冲作用和氧化还原性的验证

3.9.1 实验目的

(1)了解并验证缓冲溶液的配制方法及性质;

(2)了解氧化还原反应;学会选择合适的氧化剂和还原剂。

3.9.2 仪器和药品

仪器:量筒;烧杯;试管。

药品:0.20mol/L NaAc 溶液;0.10mol/L HAc 溶液;10mol/L $Fe_2(SO_4)_3$ 溶液;0.01mol/L $KMnO_4$溶液;0.10mol/L KI 溶液;10mol/L KBr 溶液;2mol/L H_2SO_4溶液;CCl_4。

3.9.3 实验内容

(1)用 0.20mol/L NaAc 和 0.10mol/L HAc 溶液配制 pH=5.0 的缓冲溶液 30.0mL,用精密 pH 试纸测其 pH 值,利用所得缓冲溶液验证其对少量外加强酸、强碱的缓冲作用。

(2)根据电极电势从 $Fe_2(SO_4)_3$ 和 $KMnO_4$ 中选用一种氧化剂,能使 I^- 氧化而不使 Br^- 氧化,用实验证明,并写出有关反应式。

给定试剂:10mol/L $Fe_2(SO_4)_3$,0.01mol/L $KMnO_4$,0.10mol/L KI,10mol/L KBr,2mol/L H_2SO_4,CCl_4。

已知:$E^{\ominus}(Fe^{3+}/Fe^{2+})=0.771V$,$E^{\ominus}(MnO_4^-/Mn^{2+})=1.51V$,

$E^{\ominus}(I_2/I^-)=0.5355V$,$E^{\ominus}(Br_2/Br^-)=1.065V$。

(3)用给定试剂证明 H_2O_2 既有氧化性,又有还原性,写出有关反应方程式。

给定试剂:H_2O_2(3%),2mol/L H_2SO_4,0.01mol/L $KMnO_4$,0.10mol/L KI,淀粉溶液。

已知:$E^{\ominus}(H_2O_2/H_2O)=1.763V$,$E^{\ominus}(O_2/H_2O_2)=0.695V$,

$E^{\ominus}(MnO_4^-/Mn^{2+})=1.51V$,$E^{\ominus}(I_2/I^-)=0.5355V$。

3.9.4 思考题

(1)缓冲溶液有什么性质?

(2)一种氧化剂能氧化某种还原剂的条件是什么?

(3)怎样通过实验验证 H_2O_2 既有氧化性,又有还原性?

(4)怎样证明 I^- 被氧化了而 Br^- 没有被氧化?

3.10 配合物

3.10.1 实验目的

(1)比较配合物与简单化合物的区别;

（2）了解配位平衡与溶液酸碱性、沉淀反应、氧化还原反应及配离子间相互转化的关系；

（3）了解螯合物的形成条件。

3.10.2　实验原理

配位键是配合物的最本质的特点。配离子的中心离子（M^{n+}）与配体（L^-）形成配离子 $ML_x^{(n-x)+}$ 后，在水溶液中存在如下配位平衡：$ML_x^{(n-x)+} \rightleftharpoons M^{n+} + xL^-$，其平衡常数有两种表示方法，分别为稳定常数（用 $K_{稳}^{\ominus}$，β 或 $K_f^{\ominus}$ 表示）和不稳定常数（用 $K_{不稳}^{\ominus}$ 或 $K_d^{\ominus}$ 表示），二者之间呈倒数关系，即 $K_{稳}^{\ominus} = 1/K_{不稳}^{\ominus}$。

3.10.2.1　配位平衡的移动

根据平衡移动原理，改变 M^{n+} 或 L^- 的浓度，会使上述平衡发生移动。若加入一种试剂能与 M^{n+}（或 L^-）生成难溶物质或弱电解质、生成更稳定的配离子或使其氧化值改变等，都能使平衡向右移动。

A　配位平衡与酸碱平衡

配离子中的 L^- 若为弱酸根（如 F^-，CN^-，SCN^-，CO_3^{2-}，$C_2O_4^{2-}$ 等），它们能与外加的酸生成弱酸，从而使配位平衡向离解的方向移动。

B　配位平衡与沉淀溶解平衡

配合剂、沉淀剂都可以和 M^{n+} 结合，生成配合物、沉淀物，故两种平衡的关系实质是配合剂与沉淀剂争夺 M^{n+} 的问题，这与 $K_{sp}^{\ominus}$、$K_{稳}^{\ominus}$ 的值有关。例如：

$$AgCl(s) + 2NH_3 \rightleftharpoons [Ag(NH_3)_2]^+ + Cl^-$$

$$K^{\ominus} = \beta([Ag(NH_3)_2]^+) \cdot K_{sp}^{\ominus}(AgCl)$$

$$[Ag(NH_3)_2]^+ + I^- \rightleftharpoons AgI\downarrow + 2NH_3$$

$$K^{\ominus} = 1/[\beta([Ag(NH_3)_2]^+) \cdot K_{sp}^{\ominus}(AgI)]$$

平衡常数 $K^{\ominus}$ 越大，说明反应越容易进行。可见，配离子与沉淀剂之间的转化，主要取决于沉淀的溶度积和配离子的稳定常数的大小。

C　配位平衡与氧化还原平衡

金属离子形成配合物以后，由于溶液中金属离子的浓度有所下降，从而使金属配离子/金属电对的电极电势随之降低。这种情况可用能斯特方程来说明：

$$M^{n+} + xL^- \rightleftharpoons ML_x^{(n-x)+}, \quad M^{n+} + ne^- \rightleftharpoons M$$

据 $E = E^{\ominus} + \dfrac{0.0592}{n} \lg c'(M^{n+})$ 可知，配合物越稳定，即 β 越大，则 $c(M^{n+})$ 越小，E 越小，配离子中金属的氧化态就越稳定。

D　配离子之间的转化

在溶液中，配离子之间的转化总是向着生成更稳定的配离子的方向进行，转化程度取决于两种配离子的稳定常数。稳定常数相差越大，转化反应越完全。例如：

$$[Fe(NCS)_6]^{3-} + 6F^- \rightleftharpoons [FeF_6]^{3-} + 6NCS^-$$

其平衡常数：

$$K^{\ominus} = \frac{c'([FeF_6]^{3-})\{c'(NCS^-)\}^6}{c'([Fe(NCS)_6]^{3-})\{c'(F^-)\}^6} = \frac{\beta([FeF_6]^{3-})}{\beta([Fe(NCS)_6]^{3-})} = \frac{2 \times 10^{15}}{1.3 \times 10^9} = 1.5 \times 10^6$$

$K^{\ominus}$ 值很大，说明转化反应很完全。

3.10.2.2 配位反应的某些特征

(1)当配离子形成时,常伴随溶液颜色改变,例如:

$$Cu^{2+} + 4NH_3 \Longrightarrow [Cu(NH_3)_4]^{2+}$$
（蓝色）　　　　　（深蓝色）

$$Fe^{2+} + 6CN^- \Longrightarrow [Fe(CN)_6]^{4-}$$
（淡绿色）　　　　（黄色）

$$Ni^{2+} + 6NH_3 \Longrightarrow [Ni(NH_3)_6]^{2+}$$
（绿色）　　　　　（蓝色）

$$Fe^{3+} + 6F^- \Longrightarrow [FeF_6]^{3-}$$
（黄色）　　　　　（无色）

(2)螯合物的形成。各种螯合物在无机制备、物质分析、分离中应用广泛。例如:乙二胺四乙酸(EDTA)用 H_4Y 表示。由于它在水中的溶解度较小,通常使用的是其二钠盐,也简称 EDTA,它有 6 个配位原子(2 个氮原子,4 个氧原子),所以能与金属形成配合比为 1∶1 的螯合物。它与许多金属离子能形成稳定的螯合物,与镁离子、钙离子的螯合反应可用于定量测定水中 Mg^{2+}、Ca^{2+} 离子的含量等。

3.10.3 仪器与药品

仪器:试管;白瓷点滴板;滴管。

酸:H_2SO_4(1mol/L)。

碱:NaOH(2mol/L;6mol/L);$NH_3 \cdot H_2O$(0.1mol/L;2mol/L)。

盐:Na_2S(0.1mol/L);$NiSO_4$(0.2mol/L);$FeSO_4$(0.1mol/L);$CuSO_4$(1mol/L);$BaCl_2$(1mol/L);$Fe(NO_3)_3$(0.1mol/L);$AgNO_3$(0.1mol/L);KBr(0.1mol/L);KI(0.1mol/L);KCN(0.1mol/L);NH_4F(2mol/L);NH_4SCN(0.1mol/L);$(NH_4)_2C_2O_4$(饱和);$Na_2S_2O_3$(0.1mol/L);$K_3[Fe(CN)_6]$(0.1mol/L);$NH_4Fe(SO_4)_2$(0.1mol/L);$Na_3[Co(NO_2)_6]$。

其他:EDTA(0.1mol/L);邻菲罗啉(0.25%);二乙酰二肟(1%);无水乙醇;四氯化碳。

3.10.4 实验内容

3.10.4.1 配合物与简单化合物的区别

(1)取 1mL 1 mol/L 硫酸铜溶液,逐滴加入 2mol/L 氨水,至产生沉淀后仍继续滴加氨水,直到变为深蓝色溶液。将此溶液分为三份,在一、二两份中分别滴加少量氢氧化钠溶液、氯化钡溶液,有何现象? 将此现象与硫酸铜溶液中分别滴加氢氧化钠、氯化钡溶液的现象进行比较。解释这些现象。

在第三份中加入 10 滴无水酒精,观察现象。

(2)取两支试管,分别放入 0.1mol/L $Fe(NO_3)_3$ 溶液,在一支试管中加入 2mol/L NH_4F,然后再在两个试管中加入 0.1mol/L KI 溶液和 CCl_4,观察现象。

3.10.4.2 配位平衡的移动

A 配离子之间的转化

取 4 滴 0.1mol/L 硝酸铁溶液于试管中,滴加 2 滴 0.1mol/L 硫氰化铵溶液,溶液呈什么颜色? 然后滴加 2mol/L 氟化铵溶液至溶液变为无色,再滴加饱和草酸铵溶液至溶液变为黄绿色。写出反应方程式并加以说明,从溶液颜色变化,比较生成的各配离子的稳定性。

B 配位平衡与沉淀溶解平衡

在试管中注入 0.5mL 0.1mol/L 硝酸银溶液,滴入 0.1mol/L KBr 溶液,有什么现象? 再加

2mL 0.1mol/L 硫代硫酸钠溶液有什么现象? 再向试管中加 0.1mol/L 碘化钾,有什么现象? 然后滴入 0.1mol/L 氰化钾(剧毒! 实验后废液不要倒入下水道),出现什么现象? 再向试管中加 0.1mol/L 硫化钠又出现什么现象? 根据难溶物的溶度积和配离子的稳定常数解释上述一系列现象,并写出有关离子的反应方程式。

C　配位平衡和氧化还原反应

取两支试管各加入 0.5mL 0.1mol/L 硝酸铁溶液,然后向一支试管中加入 0.5mL 饱和草酸铵溶液,另一试管中加 0.5mL 蒸馏水。再向 2 支试管中各加 0.5mL 0.1mol/L 碘化钾溶液和 1mL 四氯化碳,摇动试管。观察两支试管中四氯化碳层的颜色。解释实验现象。

D　配位平衡和酸碱反应

(1)在自制的硫酸四氨合铜溶液中,逐滴加入稀硫酸溶液,直至溶液呈酸性,观察现象。

(2)取 0.5mL 六硝基钴酸钠溶液,逐滴加入 6mol/L 氢氧化钠溶液,振荡试管,有何现象? 解释酸碱性对配位平衡的影响。

3.10.4.3　螯合物的形成

(1)分别在 5 滴硫氰酸铁溶液和 5 滴 $[Cu(NH_3)_4]^{2+}$ 溶液(自己制备)中滴加 0.1mol/L EDTA 溶液,各有何现象产生? 解释发生的现象。

(2)Fe^{2+} 离子与邻菲啰啉在微酸性溶液中反应,生成桔红色的配离子:

在白瓷点滴板上滴 1 滴 0.1mol/L 硫酸亚铁溶液和 2~3 滴 0.25% 邻菲啰啉溶液,观察现象。

(3)Ni^{2+} 离子与二乙酰二肟(丁二酮肟)反应而生成鲜红色的内络盐沉淀:

H^+ 离子浓度过大不利于 Ni^{2+} 离子生成内络盐,而 OH^- 离子的浓度也不宜太高,否则会生成氢氧化镍沉淀。合适的酸度是 pH 为 5~10。

在白色点滴板上滴 1 滴 0.2mol/L 硫酸镍溶液,1 滴 0.1mol/L 氨水和 1 滴 1% 二乙酰二肟溶液,观察有什么现象?

3.10.5　思考题

(1)总结本实验中所观察到的现象,说明有哪些因素影响配位平衡。

(2)为什么硫化钠溶液不能使亚铁氰化钾溶液产生硫化亚铁沉淀,而饱和的硫化氢溶液能使铜氨配合物的溶液产生硫化铜沉淀?

(3)有哪些方法可证明 $[Ag(NH_3)_2]^+$ 配离子溶液中含有 Ag^+ 离子?

3.10.6 注意事项

(1) 银氨配合物不能贮存,因放置时(天热时不到一天)会析出有强爆炸性的氮化银 Ag_3N 沉淀。为了破坏溶液中的银氨配离子,可加盐酸,使它转化为氯化银,回收氯化银。

(2) 溴化银、碘化银与硫代硫酸钠溶液反应时,硫代硫酸钠浓度不能太大,否则碘化银也会溶解。一般情况下 1mol/L 以下的硫代硫酸钠不会使碘化银溶解,2mol/L 的硫代硫酸钠会使碘化银部分溶解,饱和硫代硫酸钠会使碘化银全部溶解。

(3) 对六硝基钴酸钠溶液,酸和碱均能分解其中的 $[Co(NO_2)_6]^{3-}$ 配离子,

在酸中 $\quad [Co(NO_2)_6]^{3-} +6H^+ \Longrightarrow Co^{3+} +6NO +3H_2O$

在碱中 $\quad [Co(NO_2)_6]^{3-} +3OH^- \Longrightarrow Co(OH)_3 +6NO_2^-$

3.11 牛奶酸度和钙含量的测定

3.11.1 实验目的

(1) 了解牛奶酸度和钙含量的检测方法及其表示;

(2) 了解配位滴定法的原理及方法。

3.11.2 实验原理

3.11.2.1 酸度的测定

通过测定牛奶的酸度即可确定牛乳的新鲜程度,同时可反映出乳质的实际状况。

牛乳的酸度以°T表示,牛乳°T:指滴定 100mL 牛乳样品,消耗 0.1mol/L NaOH 溶液的 mL 数,或滴定 10mL 样品,结果再乘 10。正常牛乳的酸度随乳牛的品种、饲料、泌乳期的不同而略有差异,但一般均在 14 ~18°T 之间,新鲜牛乳的酸度常为 16 ~18°T 之间。如果牛乳放置时间过长,因细菌繁殖而致使牛乳酸度降低。因此牛乳的酸度是反映乳质量的一项重要指标。

3.11.2.2 钙含量的测定

测定牛奶中的钙采取配位滴定法,用二乙胺四乙酸二钠盐(EDTA)溶液滴定牛奶中的钙。用 EDTA 测定钙,一般在 pH =12 ~13 的碱性溶液中,以钙试剂(铬蓝黑 R)为指示剂,化学计量点前钙与钙试剂形成粉红配合物,当用 EDTA 溶液滴定至化学计量点时,游离出指示剂,溶液呈现蓝色。

滴定时 Fe^{3+}、Al^{3+} 干扰时用三乙醇胺掩蔽。

3.11.3 仪器和药品

仪器:量筒;锥形瓶;碱式滴定管;pHS-25 型酸度计;移液管(25mL);锥形瓶(250mL);滴定管。

药品:1% 酚酞指示剂;0.1mol/L 氢氧化钠标准溶液;pH =6.88 标准缓冲溶液;EDTA 标准溶液(0.02mol/L);NaOH(20%);铬蓝黑 R(0.5%)或 MgY -EBT 作指示剂。

3.11.4 实验内容

A 酸度的测定方法

a 滴定法

量取 50mL 鲜乳,注入 250mL 锥形瓶中,用 50mL 中性蒸馏水稀释,加入 1% 酚酞指示剂 5 滴,混匀。用 0.1mol/L 氢氧化钠标准溶液(如何标定?)滴定,不断摇动,直至微红色在 1min 内不消

失为止。量取 250mL 酸牛乳,充分搅拌均匀,然后准确量取此酸牛乳 15～20mL 于 250mL 锥形瓶中,加入 50mL 热至 40℃ 的蒸馏水(摇匀),加 0.1% 酚酞指示剂 3 滴,用 0.1mol/L NaOH 标准溶液滴至微红色在 30s 内不消失,即为终点,重复三次,计算酸度。

b　酸度计法

按照 pH 计的使用说明用标准缓冲溶液 pH=6.88 定位,用蒸馏水洗净电极,擦干。取 50mL 鲜牛奶放入 100mL 烧杯中,在酸度计上测定 pH 值。

B　钙含量的测定

a　EDTA 溶液的标定

EDTA 溶液用标准锌溶液标定。

b　钙含量的测定

准确移取牛奶试样 25.00mL 三份分别加入 250mL 锥形瓶中,加入蒸馏水 25mL,加入 2mL 20% NaOH 溶液,摇匀、再加入 10～15 滴铬蓝黑 R 指示剂,用标准 EDTA 滴定至溶液由粉红色至明显灰蓝色,即为终点,平行测定三次,计算牛奶中的含钙量,以每 100mL 牛奶含钙的毫克数表示。将纯鲜牛奶换成高钙牛奶,重复做三次,计算高钙牛奶中的含钙量。

$$Ca(mg/100mL) = \frac{c(EDTA) \cdot V(EDTA) \times 40}{25} \times 100$$

3.11.5　思考题

(1)牛奶酸度和钙含量是怎样表示的?

(2)锌标准溶液如何配制?

(3)EDTA 滴定牛奶中钙的原理? 如何消除 Fe^{3+}、Al^{3+} 的干扰?

3.12　s 区元素的性质

3.12.1　实验目的

(1)通过实验了解并比较碱金属、碱土金属的活泼性;

(2)了解钾、钠、镁、钙、钡盐的溶解性;

(3)学会利用焰色反应鉴定碱金属、碱土金属离子。

3.12.2　实验原理

周期表 ⅠA 族元素称为碱金属元素,价电子层结构为 ns^1,周期表第 ⅡA 族元素称为碱土金属元素,价电子层结构为 ns^2。这两族元素是周期表中最典型的金属元素,化学性质非常活泼,其单质都是强还原剂。

3.12.2.1　碱金属和碱土金属的性质

碱金属的金属活泼性的递变规律可以反映在与氧气或者水的作用上,Na、K 的金属光泽在空气中很快失去,表面生成了氧化物、氮化物和碳酸盐,从而形成了一层外壳。钠、钾在空气中稍加热就燃烧起来。而铷和铯在室温下遇到空气就立即燃烧。钠在空气中燃烧生成过氧化钠,是很强的氧化剂,能和水、稀酸发生剧烈的反应,在酸性条件下,它生成双氧水又可以被高锰酸钾所氧化。碱土金属也有较强的还原性,Mg、Ca、Sr、Ba 可以与水作用,除了 Mg 和水要在加热条件下外,其他金属在常温下就可以和水反应。

$$4Na + O_2 \longrightarrow 2Na_2O$$

$$Na_2O + CO_2 \longrightarrow Na_2CO_3$$

$$2Na + O_2 \xrightarrow{\text{燃烧}} Na_2O_2$$

$$Na_2O_2 + 2H_2O \longrightarrow 2NaOH + H_2O_2$$

$$Na_2O_2 + H_2SO_4 \longrightarrow Na_2SO_4 + H_2O_2$$

$$5H_2O_2 + 2MnO_4^- + 6H^+ \longrightarrow 2Mn^{2+} + 8H_2O + 5O_2 \uparrow$$

$$M(s) + H_2O \longrightarrow MOH + 1/2H_2 \text{（M 为碱金属）}$$

$$Mg + H_2O \xrightarrow{\triangle} Mg(OH)_2 + H_2 \uparrow$$

3.12.2.2 碱金属和碱土金属氢氧化物和盐的溶解性

除 LiOH 为中强碱外,碱金属氢氧化物都是易溶的强碱。碱土金属氢氧化物的碱性小于碱金属氢氧化物,在水中的溶解度也较小,都能从溶液中沉淀析出。

碱金属盐多数易溶于水,只有少数几种盐难溶,可利用它们的难溶性来鉴定 K^+、Na^+ 离子。碱土金属盐比碱金属相应盐的溶解度小。氯化物、硝酸盐、醋酸盐、高氯酸盐易溶于水,碳酸盐、草酸盐、磷酸盐都是难溶盐。硫酸盐、铬酸盐溶解度差异较大,$BeSO_4$、$BeCrO_4$ 易溶,而 $BaSO_4$、$BaCrO_4$ 极难溶,从 Be→Ba 的硫酸盐、铬酸盐溶解度依次降低。可利用难溶盐的生成和溶解性差异来鉴定 Mg^{2+}、Ca^{2+} 离子。难溶的钠盐有:

$Na[Sb(OH)_6]$	六羟基锑酸钠	白色
$NaAc \cdot ZnAc_2 \cdot 3UO_2Ac_2 \cdot 9H_2O$	醋酸铀酰锌钠	淡黄色多面形晶体。

难溶的钾盐有:

$KClO_4$	高氯酸钾	白色
$KB(C_6H_5)_4$	四苯硼酸钾	白色
$KHC_4H_4O_6$	酒石酸氢钾	白色
$K_2[PtCl_6]$	六氯铂酸钾	淡黄色
$K_2Na[Co(NO_2)_6]$	钴亚硝酸钠钾	亮黄色

3.12.2.3 焰色反应

碱金属和 Ca、Sr、Ba 等单质及其挥发性的盐在无色火焰中灼烧,能使火焰呈现出各种特征的颜色,这叫焰色反应。

Ca^{2+}	Sr^{2+}	Ba^{2+}	Li^+	Na^+	K^+	Rb^+	Cs^+
砖红	猩红	黄绿	红色	黄色	紫色	红紫色	蓝色

3.12.3 仪器和药品

仪器:烧杯;试管;小刀;镊子;坩埚;离心机。

固体:钠;钾;镁条;醋酸钠。

液体:LiCl（1mol/L）;NaCl（1mol/L）;KCl（1mol/L）;$MgCl_2$（0.1mol/L,0.5mol/L）;$CaCl_2$（0.1mol/L）;$BaCl_2$（0.1mol/L）;NaOH（2mol/L,6mol/L）;Na_2CO_3（0.1mol/L）;氨水（0.1mol/L,0.5mol/L）;NH_4Cl（饱和）;HCl（2mol/L;6mol/L）;HAc（2mol/L;6mol/L）;HNO_3（浓）;H_2SO_4（2mol/L）;Na_2SO_4（0.1mol/L）;$Na_3[Co(NO_2)_6]$（饱和）;K_2CrO_4（0.1mol/L）;$KSb(OH)_6$（饱和）;

$KMnO_4$(0.01mol/L);$(NH_4)_2C_2O_4$(饱和);酚酞试剂。

其他:铂丝(或镍铬丝);pH 试纸;钴玻璃;滤纸。

3.12.4　实验内容

3.12.4.1　钠、钾和镁的性质

A　钠与空气中氧的作用

用镊子从煤油中取一小块金属钠,用滤纸吸干其表面的煤油,切去表面的氧化膜,立即置于坩埚中加热。当钠开始燃烧时,停止加热。观察反应情况和产物的颜色、状态。冷却后,将产物放入试管并加入 2mL 水,检验管口有无氧气放出,并检验溶液的酸碱性。再用 2mol/L H_2SO_4酸化,滴加 1~2 滴 0.01mol/L $KMnO_4$溶液。观察紫色是否褪去。由此可以判断水溶液是否有 H_2O_2,从而推知钠在空气中燃烧是否有 Na_2O_2生成。写出以上有关反应方程式。

B　钠、钾、镁与水的作用

取一小块金属钠和金属钾,立即将它们分别放入盛水的 250mL 烧杯中,观察反应情况,滴入 1~2 滴酚酞试剂检验水溶液的酸碱性。可将事先准备好的合适漏斗倒扣在烧杯上,以确保安全。观察两者与水反应的情况,并进行比较。反应终止后,滴入 1~2 滴酚酞试剂,检验溶液的酸碱性。根据反应进行的剧烈程度,说明钠、钾的金属活泼性并写出反应式。

另取一小段擦净的镁条,放在试管中与冷水作用,观察反应情况,加热后反应情况如何。加入几滴酚酞分别检验两种情况水溶液的酸碱性,写出反应式。

3.12.4.2　镁、钙、钡的氢氧化物的溶解性

(1)取 10 滴 0.1mol/L $MgCl_2$、0.1mol/L $CaCl_2$、0.1mol/L $BaCl_2$与等体积的 2mol/L NaOH 混合,放置,观察形成沉淀的情况。然后把沉淀分成两份,分别加入 6mol/L 盐酸溶液和 6mol/L 氢氧化钠溶液,观察沉淀是否溶解,写出反应方程式。

(2)在试管中加入 10 滴 0.5mol/L 氯化镁溶液,再加入等体积 0.5mol/L $NH_3 \cdot H_2O$,观察沉淀的颜色和状态。往有沉淀的试管中加入饱和 NH_4Cl 溶液,又有何现象?为什么?写出反应方程式。

3.12.4.3　碱金属和碱土金属盐的溶解性

A　钠和钾的难溶盐

钠离子的鉴定:取 1mol/L NaCl 溶液 3~5 滴加入等量饱和的 $KSb(OH)_6$ 溶液,必要时可用玻璃棒摩擦试管内壁。观察产物的颜色和状态。此反应通常用于 Na^+ 的鉴定。

钾离子的鉴定:加一滴 1mol/L KCl 溶液在点滴板上,然后加 1~2 滴饱和的钴亚硝酸钠试剂,观察现象。此反应可用作钾的鉴定反应。黄色 $K_2Na[Co(NO_2)_6]$沉淀的出现,表示 K^+离子存在。

B　碱土金属硫酸盐的溶解性

分别取 0.1mol/L 的 $MgCl_2$、$CaCl_2$和 $BaCl_2$溶液 3~5 滴,再加入等量的 0.1mol/L Na_2SO_4溶液,观察产物的颜色和状态,分别检验沉淀与浓 HNO_3溶液的作用。写出反应方程式。比较$MgSO_4$、$CaSO_4$和 $BaSO_4$溶解度的大小。

注:Ba^{2+}通常以生成不溶于硝酸溶液的 $BaSO_4$沉淀予以鉴定。

C　碱土金属碳酸盐的溶解性

分别取 0.1mol/L 的 $MgCl_2$、$CaCl_2$和 $BaCl_2$溶液 3~5 滴,再加入等量的 0.1mol/L Na_2CO_3溶液,观察沉淀的生成。检查沉淀在 2mol/L HAc 溶液中是否溶解。写出反应方程式并加以解释。用 2~3 滴氨 - 碳酸铵混合液(含 0.1mol/L NH_3和 0.1mol/L $(NH_4)_2CO_3$)代替 0.1mol/L Na_2CO_3溶液,重复上述操作,观察现象。

D 碱土金属铬酸盐的溶解性

分别取 0.1mol/L 的 $CaCl_2$ 和 $BaCl_2$ 溶液 3～5 滴,再加入等量的 0.1mol/L K_2CrO_4 溶液,观察现象。检查沉淀与 6mol/L HAc 和 2mol/L HCl 溶液的反应情况,有何现象? 写出反应方程式。

E 碱土金属草酸盐的溶解性

于 3 支试管中分别加 3 滴 0.1mol/L $MgCl_2$、$CaCl_2$ 和 $BaCl_2$,再各加 3 滴饱和$(NH_4)_2C_2O_4$,观察现象。若有白色 CaC_2O_4 沉淀的生成,可表示 Ca^{2+} 存在,此反应可作为 Ca^{2+} 离子的鉴定反应。试验沉淀对 2mol/L HAc 和 HCl 的反应。

3.12.4.3 焰色反应

取一支铂丝(或镍铬丝)蘸取 6mol/L 盐酸溶液在氧化焰中烧至无色。再蘸取 1mol/L LiCl 溶液在氧化焰上灼烧,观察火焰颜色。实验完毕,再蘸以盐酸溶液在氧化焰中再烧至近无色,以同法实验 1mol/L $NaCl$、KCl、$CaCl_2$、$SrCl_2$ 和 $BaCl_2$ 溶液。(当 K 和 Na 共存时,即使 Na 是极微量的,K 的紫色火焰可能被 Na 的黄色火焰所掩盖,所以再观察 K 的火焰时,要用蓝色钴玻璃滤去黄色火焰)。

3.12.5 思考题

(1)解释碱土金属氢氧化物溶解度的变化。

(2)$Na_3[Co(NO_2)_6]$ 与钾盐反应时,若溶液碱性较强,有什么影响?

(3)用 $(NH_4)_2CO_3$ 作沉淀剂,沉淀 Ba^{2+} 等离子,为何要加入氨水?

3.12.6 注意事项

(1)钠、钾等活泼金属暴露于空气中或与水接触,均易发生剧烈反应,因此,应把它们保存在煤油中,放置于阴凉处。使用时应在煤油中切割成小块,用镊子夹起,再用滤纸吸干表面的煤油,切勿与皮肤接触。未用完的金属屑不能乱丢,可加少量酒精使其缓慢分解。

(2)反应需在较低温度(如冷水中)和中性或碱性溶液中进行,生成 $Na[Sb(OH)_6]$ 的白色晶体状沉淀,溶液若呈酸性,则会使 $K[Sb(OH)_6]$ 分解而生成白色、无定形 $HSbO_3$ 沉淀。

(3)强酸、强碱均会使 $[Co(NO_2)_6]^{3-}$ 破坏,故反应必须在中性或微酸性溶液中进行。NH_4^+ 的存在会干扰 K^+ 粒子的鉴定,这是因为它与试剂可生成 $(NH_4)_2Na[CO(NO_2)_6]$ 黄色沉淀。但若将此沉淀在沸水浴中加热至无气体放出,则可完全分解,而剩下 $K_2Na[CO(NO_2)_6]$ 无变化。

(4)实验中常利用生成 $BaCrO_4$ 黄色沉淀来进行 Ba^{2+} 的分离、鉴定,但 Pb^{2+} 也可生成黄色的 $PbCrO_4$ 晶状沉淀,为除去 Pb^{2+} 的干扰,在溶液 pH 值为 4～5 时,Pb^{2+} 与 EDTA 可形成稳定的配合物而留于溶液中,或利用 $PbCrO_4$ 可溶于强碱(如 NaOH)而使 Pb^{2+} 与 Ba^{2+} 分离。

(5)K^+ 的颜色可通过蓝色钴玻璃观察。

3.13 锡、铅、锑和铋

3.13.1 实验目的

(1)掌握 $Sn(Ⅱ)$、$Pb(Ⅱ)$、$Sb(Ⅲ)$、$Bi(Ⅲ)$ 氢氧化物的酸碱性;

(2)掌握 $Sn(Ⅱ)$ 的还原性,$Pb(Ⅳ)$ 和 $Bi(Ⅴ)$ 的氧化性;

(3)掌握 $Sn(Ⅱ)$、$Sb(Ⅲ)$、$Bi(Ⅲ)$ 盐的水解性,熟悉 $Pb(Ⅱ)$ 的难溶盐;

(4)了解 $Sb(Ⅲ)$、$Bi(Ⅲ)$ 硫化物的生成和性质。

3.13.2 实验原理

锡和铅的氢氧化物都呈两性,它们既溶于酸又溶于碱。

Sn(Ⅱ)具有较强还原性,例如,在酸性介质中 $SnCl_2$ 能与 $HgCl_2$ 发生氧化还原反应:

$$SnCl_2 + 2HgCl_2 \longrightarrow SnCl_4 + Hg_2Cl_2 \downarrow$$
$$SnCl_2 + Hg_2Cl_2 \longrightarrow SnCl_4 + 2Hg \downarrow$$

可观察到沉淀由白→灰→黑,此反应可用于 Sn^{2+} 或 Hg^{2+} 离子的鉴定。在碱性介质中,Sn (Ⅱ)能与 Bi(Ⅲ)盐进行反应,还原出单质铋:

$$3Sn(OH)_4^{2-} + 2Bi^{3+} + 6OH^- \longrightarrow 3Sn(OH)_6^{2-} + 2Bi \downarrow$$

析出的铋为黑色,此反应可用来鉴定 Sn(Ⅱ)与 Bi(Ⅲ)。

Pb(Ⅳ)具有强氧化性,在酸性介质中 PbO_2 能将 Cl^- 氧化成 Cl_2、将 Mn^{2+} 氧化成 MnO_4^-:

$$PbO + 4HCl \longrightarrow PbCl_2 + Cl_2 \uparrow + 2H_2O$$
$$5PbO_2 + 2Mn^{2+} + 4H^+ \longrightarrow 5Pb^{2+} + 2MnO_4^- + 2H_2O$$

后一反应,由于紫红色 MnO_4^- 的生成,可用于 Mn^{2+} 的鉴定。

Pb(Ⅱ)能生成多种难溶化合物,如 Pb^{2+} 和 CrO_4^{2+} 作用生成难溶的 $PbCrO_4$(铬黄色)沉淀,该反应可用于 Pb^{2+} 或 CrO_4^{2+} 离子的鉴定。某些难溶铅盐如 $PbCl_2$、PbI_2 可因生成配离子 $[PbCl_4]^{2-}$、$[PbI_4]^{2-}$ 而溶解。

Sb(Ⅲ)的氢氧化物呈两性,而 Bi(Ⅲ)的氢氧化物只呈现弱碱性。

Bi(Ⅴ)化合物具有强氧化性,$NaBiO_3$ 可将 Mn^{2+} 氧化成 MnO_4^-:

$$5NaBiO_3 + 2Mn^{2+} + 14H^+ \longrightarrow 2MnO_4^- + 5Bi^{3+} + 5Na^+ + 7H_2O$$

Sn^{2+}、Sn^{3+} 和 Bi^{3+} 盐极易水解,水解后生成白色沉淀,加酸可抑制其水解:

$$SnCl_2 + H_2O \Longrightarrow Sn(OH)Cl \downarrow + HCl$$
$$SbCl_3 + H_2O \Longrightarrow SbOCl \downarrow + 2HCl$$
$$BiCl_3 + H_2O \Longrightarrow BiOCl \downarrow + 2HCl$$

Sb(Ⅲ)和 Bi(Ⅲ)都能生成不溶于稀酸的硫化物,Sb_2S_3(橙红色)、Bi_2S_3(黑色)。Sb_2S_3 能溶于Na_2S生成硫代亚锑酸盐,该盐被酸化后,因为 $H_3Sb_3S_3$ 不稳定立即分解,又析出硫化物沉淀:

$$Sb_2S_3 + 3Na_2S \Longrightarrow 2Na_3SbS_3$$
$$2Na_3SbS_3 + 6HCl \Longrightarrow Sb_2S_3 \downarrow + 3H_2S \uparrow + 6NaCl$$

Bi_2S_3 则不能溶于 Na_2S。

3.13.3 仪器和药品

仪器:离心机。

固体:$NaBiO_3$;PbO_2;$SnCl_2 \cdot 2H_2O$。

酸:HCl(2mol/L;6mol/L);HNO_3(6mol/L);H_2SO_4(2mol/L)。

碱:NaOH(2mol/L)。

盐:$SnCl_2$(0.1mol/L);Pb(NO$_3$)$_2$(0.1mol/L);$BiCl_3$(0.1mol/L);$MnSO_4$(0.01mol/L);KI (0.1mol/L;2mol/L);Na_2S(0.5mol/L);K_2CrO_4(0.1mol/L);$SbCl_3$(0.1mol/L);$HgCl_2$(0.1mol/L)。

其他:KI-淀粉试纸。

3.13.4 实验内容

3.13.4.1 锡和铅

A Sn(Ⅱ)和 Pb(Ⅱ)氢氧化物的酸碱性以及 Sn(Ⅱ)盐的水解性

(1)在两支试管中各加入 0.1mol/L SnCl$_2$溶液 3 滴,再各自逐滴加入 2mol/L NaOH 溶液至沉淀生成为止,观察沉淀颜色。而后分别逐滴加入 2mol/L NaOH 和 2mol/L HCl,观察沉淀是否溶解? 写出有关离子反应方程式。

(2)用 0.1mol/L Pb(NO$_3$)$_2$溶液代替 SnCl$_2$,重复上述实验。

(3)SnCl$_2$的水解:取少量 SnCl$_2$·H$_2$O 晶体放入试管中,加入 1～2mL 蒸馏水,观察现象。再加入 6mol·L HCl 溶液,有何变化? 写出反应方程式。

B Sn(Ⅱ)的还原性和 Pb(Ⅳ)的氧化性

(1)取 0.1mol/L HgCl$_2$溶液 3 滴,加入 0.1mol/L SnCl$_2$溶液 1 滴,观察现象。继续滴加 SnCl$_2$有何变化? 写出反应方程式。

(2)自行设计实验,证明 Sn(Ⅱ)在碱性介质中的还原性。

(3)在干燥试管中加入少量 PbO$_2$固体,加入 1mL 浓 HCl 溶液,观察固体和溶液的颜色变化,并用化学方法验证、判断生成的气体产物,解释现象并写出反应方程式。

(4)在干燥试管中加入少量 PbO$_2$固体,加入 1mL 6mol/L HNO$_3$溶液和 0.01mol/L MnSO$_4$溶液 2 滴,微热后静置片刻,观察现象并写出离子反应方程式。

C Pb(Ⅱ)的难溶盐

(1)自行设计实验,观察 PbCl$_2$、PbCrO$_4$、PbSO$_4$、PbI$_2$与 PbS 沉淀的颜色。

(2)将(1)中有 PbCl$_2$沉淀的试管离心,弃去清液,向沉淀中逐滴加入浓 HCl,观察沉淀是否溶解,解释并写出反应方程式。

(3)将(1)中有 PbI$_2$沉淀的试管离心,弃去清液。向沉淀中逐滴加入 2mol/L KI,观察沉淀是否溶解,解释并写出反应方程式。

3.14.4.2 锑和铋

(1)自行设计实验,检验 Sb(Ⅲ)和 Bi(Ⅲ)氢氧化物的酸碱性。

(2)自行设计实验,观察 Sb^{3+}和 Bi^{3+}盐的水解及如何抑制水解。写出有关反应方程式。

(3)Bi(Ⅴ)的氧化性:在试管中加入 0.01mol/L MnSO$_4$。2 滴和 1mL 6mol/L HNO$_3$,加入少许 NaBiO$_3$固体,振荡,必要时微热。观察溶液的颜色,解释现象,写出反应方程式。

(4)Sb(Ⅲ)和 Bi(Ⅲ)的硫化物检验方法如下:

1)在试管中加入 0.1mol/L SbCl$_3$溶液 10 滴,0.5mol/L Na$_2$S 溶液 5～6 滴,摇匀,观察沉淀颜色。离心分离,吸去清液,用少量蒸馏水洗涤沉淀,离心分离,将沉淀分为两份,分别滴加 2mol/L HCl 溶液和 0.5mol/L Na$_2$S 溶液,振荡,观察沉淀是否溶解? 在加入 Na$_2$S 溶液的试管中,再逐滴加入 2mol/L HCl 溶液,观察现象,解释并写出反应方程式。

2)用 0.1mol/L BiCl$_3$代替 SbCl$_3$重复上述实验,比较两个试验的现象有何区别? 解释之。

3.13.5 思考题

(1)实验室中配制 SbCl$_2$溶液时,为什么既要加盐酸又要加锡粒?

(2)怎样试验 Sb(Ⅲ)和 Bi(Ⅲ)氢氧化物的酸碱性? 试验 Pb(OH)$_2$的碱性时,应使用何种酸,为什么?

（3）用标准电极电势说明下面两个反应可以进行：

$$SnCl_2 + 2HgCl_2 \longrightarrow SnCl_4 + Hg_2Cl_2 \downarrow$$

$$SnCl_2 + Hg_2Cl_2 \longrightarrow SnCl_4 + 2Hg \downarrow$$

（4）用 PbO_2 和 $NaBiO_3$ 作氧化剂氧化 Mn^{2+} 时，应采用什么酸，为什么？

（5）为什么 $PbCl_2$ 能溶于浓 HCl 溶液，PbI_2 能溶于 KI 溶液？

（6）写好自行设计实验的操作步骤，并注明反应条件。写出相关的反应方程式。

3.14　氮、磷、碳、硅和硼重要化合物的性质

3.14.1　实验目的

（1）掌握硝酸的氧化性，亚硝酸的制取和性质，并了解相应盐包括铵盐的性质；

（2）熟悉碳、硅、硼含氧酸盐在水溶液中的水解；

（3）学会 NH_4^+、NO_3^-、NO_2^-、CO_3^{2-}、PO_4^{3-} 的鉴定方法；

（4）了解硅酸盐的性质、硅酸的生成条件和活性炭的吸附作用。

3.14.2　实验原理

硝酸是强酸，又是强氧化剂，硝酸与非金属反应时，常还原为 NO，与金属反应时，其还原产物主要取决于硝酸的浓度和金属的活动性，浓硝酸通常被还原为 NO_2，稀硝酸通常被还原为 NO。当活泼金属如 Fe、Zn、Mg 与稀的硝酸反应时，主要还原为 NO，与很稀的硝酸作用时产物为 N_2O 甚至为 NH_3。

硝酸盐在常温下较稳定，受热时稳定性较差，容易分解，一般放出氧气，所以它们都是强氧化剂。

亚硝酸通常由亚硝酸盐与稀酸作用制得，它很不稳定，只能存在于冷的、很稀的溶液中。

$$NaNO_2 + H_2SO_4（稀）\longrightarrow HNO_2 + NaHSO_4$$

$$2HNO_2 \overset{热}{\underset{冷}{\rightleftharpoons}} H_2O + NO \uparrow + NO_2 \uparrow$$

亚硝酸中氮的氧化值为 +3，故其既具有氧化性，又具有还原性。

NO_2^-、NO_3^- 离子的鉴定方法：

NO_2^- 离子和过量的 $FeSO_4$ 溶液在 HAc 溶液中能生成棕色的 $[Fe(NO)]SO_4$：

$$NO_2^- + Fe^{2+} + 2HAc \longrightarrow NO + Fe^{3+} + 2Ac^- + H_2O$$

$$NO + FeSO_4 \longrightarrow [Fe(NO)]SO_4$$

检验 NO_3^- 离子也可采用相同方法，但必须使用浓硫酸，在浓硫酸与溶液的液层交界处出现棕色环（此法称为棕色环法），其反应式为：

$$3Fe^{2+} + NO_3^- + 4H^+ \longrightarrow 3Fe^{3+} + NO + 2H_2O$$

$$NO + Fe^{2+} \longrightarrow [Fe(NO)]^{2+}$$

氨能与各种酸发生反应生成铵盐。铵盐遇碱有氨气放出，借此可鉴定 NH_4^+ 的存在。NH_4^+ 离子的鉴别通常采用以下两种方法：

（1）用 NaOH 溶液和 NH_4^+ 离子反应，在加热情况下放出 NH_3 气，使湿润的红色石蕊试纸变蓝。

（2）用奈斯勒试剂（$K_2[HgI_4]$ 的碱性溶液）和 NH_4^+ 离子反应，可以生成红棕色沉淀。

磷酸的各种钙盐在水中的溶解度是不同的，$Ca(H_2PO_4)_2$ 易溶于水，而 $CaHPO_4$ 和 $Ca_3(PO_4)_2$ 则难溶于水。

PO_4^{3-} 离子鉴别方法:PO_4^{3-} 离子与钼酸铵反应,生成黄色难溶晶体,其反应方程式:

$$PO_4^{3-} + 3NH_4^+ + 12MoO_4^{2-} + 24H^+ \longrightarrow (NH_4)_3PO_4 \cdot 12MoO_3 \cdot 6H_2O + 6H_2O$$

碳有三种同素异形体,即金刚石、石墨和 C_n 原子簇。活性炭为黑色细小的颗粒和粉末,其特点是孔隙率高,1g 活性炭的表面积可达 $500 \sim 1000m^2$。因此,活性炭具有极强的吸附能力,可用于吸附某些气体,以及某些有机物分子中的杂质而使其脱色。活性炭还能吸附水溶液中的某些重金属离子。

碳、硅、硼的含氧酸都是很弱的酸,因此其可溶性盐都易水解而使溶液显碱性:

$$CO_3^{2-} + H_2O \Longrightarrow HCO_3^- + OH^-$$
$$HCO_3^- + H_2O \Longrightarrow H_2CO_3 + OH^-$$
$$SiO_3^{2-} + 2H_2O \Longrightarrow H_2SiO_3 + 2OH^-$$

H_2SiO_3 的酸性比 H_2CO_3 弱,并且是难溶性酸,所以用可溶性的 Na_2SiO_3 和 NH_4Cl 溶液相互作用,便可制得硅酸:

$$Na_2SiO_3 + NH_4Cl \longrightarrow H_2SiO_3 \downarrow + 2NaCl + 2NH_3 \uparrow$$

硼酸为片状晶体,它在热水中溶解度较大。H_3BO_3 是一元弱酸,其水溶液呈弱酸性,并非来自 H_3BO_3 的电离,而是由于其与水电离出来的 OH^- 之间配位作用的结果:

$$B(OH)_3 + H_2O \Longrightarrow B(OH)_4^- + H^+$$

最重要的硼酸盐是四硼酸钠,俗称硼砂($Na_2B_4O_7 \cdot 10H_2O$)。四硼酸也是弱酸,所以硼砂水溶液因水解而呈碱性:

$$B_4O_7^{2-} + 2H_2O \Longrightarrow H_2B_4O_7 + 2OH^-$$

3.14.3 仪器和药品

仪器:点滴板;普通漏斗。

固体:$FeSO_4 \cdot 7H_2O$;锌粉;硫磺粉;铜粉;硼砂;$NaNO_3$;Na_3PO_4;Na_2CO_3;$NaHCO_3$;Na_2SiO_3。

酸:HCl(2mol/L);HNO_3(2mol/L;浓);H_2SO_4(浓)。

碱:NaOH(2mol/L);饱和石灰水(新配)。

盐:NH_4Cl(0.1mol/L);$BaCl_2$(0.1mol/L);KNO_3(0.1mol/L);KNO_2(0.1mol/L);Na_2CO_3(0.1mol/L);$NaHCO_3$(0.1mol/L);$PbNO_3$(0.001mol/L);$KMnO_4$(0.01mol/L);K_2CrO_4(0.1mol/L);Na_2SiO_3($d = 1.06g/cm^3$;用水玻璃配制);$Na_2B_2O_7$(0.1mol/L);$Hg(NO_3)_2$(0.001mol/L);KI(0.02mol/L);$(NH_4)_6Mo_7O_{24}$(0.1mol/L);Na_3PO_4 0.1mol/L。

其他:活性炭;靛蓝溶液;pH 试纸;滤纸;甘油;奈斯勒试剂。

3.14.4 实验内容

3.14.4.1 铵盐的鉴定

A 气室法

在一块表面皿中心贴一条湿润的 pH 试纸,在另一表面皿中间加 3~4 滴铵盐溶液及 2mol/L NaOH 溶液 2 滴,混合均匀后,将贴试纸的表面皿盖在盛有试液的表面皿上作成"气室"。将此"气室"放在水浴上加热。观察试纸变化,记录现象。

B 奈斯勒试剂鉴定法

在点滴板上滴 1~2 滴铵盐溶液,再加 3 滴奈斯勒试剂,观察并记录现象,写出反应方程式。

3.14.4.2 浓硝酸和稀硝酸的氧化性

(1)在两支干燥试管中,各加入少量硫磺粉,再分别加入 1mL 浓硝酸和 2mol/L HNO_3,加热煮沸(在通风橱内加热),静置一会,分别加 0.1mol/L BaCl$_2$ 溶液少许,振荡试管,观察并记录现象,得出结论,写出反应方程式。

(2)在分别盛有少量锌粉和铜粉的试管中,分别加入浓度为 2mol/L 的 HNO$_3$1mL,观察现象并写出相应的反应方程式。

(3)在分别盛有少量铜粉、锌粉的试管中,各加入 1mL 浓 HNO$_3$,有何现象? 写出反应方程式。

3.14.4.3　自行设计实验,证实 NaNO$_2$ 的氧化性和还原性

要求:

(1)参考标准电极电势表,选出常见的氧化剂和还原剂各 1~2 个,写出 NaNO$_2$ 做氧化剂或还原剂时与所选物质反应的实验步骤。

(2)记录现象,得出结论并写出反应方程式。

提示:亚硝酸盐的酸性溶液可视为 HNO$_2$ 溶液。

3.14.4.4　NO$_3^-$、NO$_2^-$、CO$_3^{2-}$、PO$_4^{3-}$ 离子的鉴定

A　NO$_3^-$ 的鉴定

试管中加入 0.1mol/L KNO$_3$ 溶液 1mL、1~2 小粒 FeSO$_4$ 晶体,振荡溶解后,将试管倾斜,沿试管壁慢慢滴加浓 H$_2$SO$_4$ 溶液 4~5 滴(切勿摇动试管,浓 H$_2$SO$_4$ 密度大,在溶液下层),观察两液层交界处,若有棕色环产生,证明有 NO$_3^-$ 存在。写出反应方程式。

B　NO$_2^-$ 的鉴定

试管中加入 0.1mol/L KNO$_2$ 溶液 1mL,加入 2mol/L HAc 3~5 滴酸化,再加入几小粒 FeSO$_4$ 晶体,如有棕色出现,证明 NO$_2^-$ 存在。写出反应方程式。

C　CO$_3^{2-}$ 的鉴定

试管中加入 1mol/L Na$_2$CO$_3$ 溶液 1mL,滴加 2mol/L HCl 溶液,观察有何现象产生。将蘸有饱和石灰水的玻璃棒垂直置于试管中,观察有何现象产生。若石灰水变浑浊,证明有 CO$_3^{2-}$ 存在。写出反应方程式。

D　PO$_4^{3-}$ 的鉴定

试管中加入 0.1mol/L Na$_3$PO$_4$ 溶液 1mL,再加入 0.5mL 钼酸铵试剂,剧烈振荡试管或微热至 40~50℃,如有黄色出现,证明 PO$_4^{3-}$ 存在。写出反应方程式。

3.14.4.5　活性炭的吸附作用

A　活性炭对溶液中有色物质的脱色作用

试管中加入 2mL 靛蓝溶液,再加入少量活性炭,振荡试管,然后用普通漏斗过滤,滤液盛接在另一支试管中,观察其颜色有何变化? 试解释之。

B　活性炭对汞、铅盐的吸附作用

(1)试管中加入 2mL 0.001mol/L Hg(NO$_3$)$_2$ 溶液,然后加入 0.02mol/L KI 溶液 2~3 滴,观察现象。

在另一试管中加入 2mL 0.001mol/L Hg(NO$_3$)$_2$ 溶液,然后加入少量活性炭,振荡试管,过滤。在滤液中加入几滴 0.02mol/L KI 溶液,观察现象,与上进行比较,并解释之。

(2)用 Pb(NO$_3$)$_2$ 进行类似(1)的实验,并以 0.1mol/L K$_2$CrO$_4$ 代替 KI 进行 Pb^{2+} 的检验写出相应的反应方程式,并得出结论。

3.14.4.6　碳、硅、硼含氧酸盐的水解

(1)用 pH 试纸测定表 3-12 中溶液的 pH,并与计算值对照。

表 3-12 溶液的 pH 值实验数据表

溶 液	$NaHCO_3$	Na_2CO_3	Na_2SiO_3	$Na_2B_2O_7$
pH 实验值				
pH 计算值				

(2)在四支试管中分别加入 Na_2CO_3、$NaHCO_3$、Na_2SiO_3 和 $Na_2B_4O_7$ 溶液 1mL,再各加入 0.1mol/L NH_4Cl 溶液 1mL,稍加热后,用 pH 试纸检查哪些试管有氨气逸出,解释现象,写出反应方程式。

3.14.4.7 硅酸凝胶的生成

(1)取 1 支试管,加入 $3mL Na_2SiO_3$ 溶液,再通入 CO_2 气体,观察反应物的颜色和状态,写出反应方程式。

(2)取 1 支试管,加入 $3mL Na_2SiO_3$ 溶液,滴加浓度为 2mol/L 的 HCl 溶液,观察反应产物的颜色和状态,写出反应方程式。

(3)硅酸钠和氯化铵作用:用 0.1 mol/L 的 NH_4Cl 溶液代替 HCl,进行与(2)同样的实验,观察现象,并写出反应方程式。

3.14.4.8 硼酸的制备和性质

(1)取 1g 硼砂晶体于试管中,加入蒸馏水 5mL,加热使其溶解。稍冷却后,加入 2mL 浓 HCl 溶液,在进一步冷却过程中,观察产物结晶析出,抽滤。晶体用少量水洗涤,将残存的 HCl 洗净,该晶体则为制备的硼酸。写出化学反应方程式。(硼酸为下一实验备用)

(2)取少量 H_3BO_3 晶体,加入少量水,加热溶解,即得硼酸溶液,用 pH 试纸测其 pH 值,然后向该溶液中滴入几滴甘油,摇匀再测溶液的 pH 值解释其酸度变化的原因。

3.14.4.9 自行设计,用最简单的方法鉴别下列各固体物质:$NaNO_3$、Na_3PO_4、Na_2CO_3、$NaHCO_3$、Na_2SiO_3,具体要求如下:

(1)预习时写好鉴别各物质的实验步骤。

(2)实验时记录各物质的物理性状,如物质的外观形貌、颜色以及是否易溶于水等。

(3)根据实验现象得出结论。写出有关反应方程式。

提示:1)各取上述五种物质少量,分别置于五支试管,制成溶液,备用。2)先作 Na_2SiO_3 检验。3)再以 HCl 检验 CO_3^{2-} 的存在,并以澄清石灰水区别两者并复核。4)以 Ca^{2+} 检查 PO_4^{3-} 的存在,并以铝酸铵试剂复核。5)最后一个物质通过棕色环实验确证为硝酸盐。

3.14.5 思考题

(1)如何计算实验中 Na_2CO_3 溶液的 pH 值?

(2)怎样利用电极电势表选择氧化剂与还原剂,以证明可溶亚硝酸盐具有氧化、还原性?

(3)$NaHCO_3$ 和 Na_2CO_3 溶液加 HCl 溶液都可产生 CO_2 气体,为什么在 $NaHCO_3$ 溶液中加入澄清石灰水没有白色沉淀生成?

(4)化学反应需要酸性介质条件时,不用硝酸是什么原因?

(5)鉴定 $NaNO_3$、$NaHCO_3$、Na_2CO_3、Na_2SiO_3、Na_3PO_4 五种物质是否可以设计出其他鉴别方案?

3.15 过氧化氢及硫的化合物

3.15.1 实验目的

(1)掌握过氧化氢的氧化性和还原性;

（2）了解金属硫化物的溶解性的一般规律；

（3）掌握硫化氢、亚硫酸及其盐、硫代硫酸盐的还原性、过二硫酸盐的氧化性；

（4）熟悉 S^{2-}、SO_3^{2-}、$S_2O_3^{2-}$ 的鉴定方法。

3.15.2　实验原理

过氧化氢中的氧，其氧化值是 -1，处于氧元素的中间氧化态。所以，过氧化氢既具有氧化性，又具有还原性，其氧化性较为常见。还可发生歧化反应，因为无论在酸性还是碱性介质中，H_2O_2 在左边的电势值总是小于右边的电势，但其歧化反应的速率不大：

$$H_2O_2 + 2I^- + 2H^+ \longrightarrow I_2 + 2H_2O$$

$$3H_2O_2 + 2Cr(OH)_3 + 4OH^- \longrightarrow 2CrO_4^{2-} + 8H_2O$$

$$5H_2O_2 + 2MnO_4^- + 6H^+ \longrightarrow 5O_2 \uparrow + 2Mn^{2+} + 8H_2O$$

$$5H_2O_2 + 2IO_3^- + 2H^+ \longrightarrow 2O_2 + I_2 + 6H_2O$$

$$2H_2O_2 \longrightarrow 2H_2O + O_2 \uparrow$$

过氧化氢在酸性溶液中，能与重铬酸钾反应，生成蓝色的过氧化铬 CrO_5：

$$4H_2O_2 + Cr_2O_7^{2-} + 2H^+ \longrightarrow 2CrO_5 + 5H_2O$$

$$4CrO_5 + 12H^+ \longrightarrow 4Cr^{3+} + 6H_2O + 7O_2 \uparrow$$

由以上反应可知，CrO_5 常温下在水中很不稳定，易分解成 Cr^{3+} 和 O_2，在乙醚中才稍稳定。利用这个反应可鉴别 H_2O_2，并且也可利用这个反应来鉴别 $Cr_2O_7^{2-}$ 和 CrO_4^{2-} 的存在。

硫化氢稍溶于水，是常用的较强的还原剂。H_2S 的水溶液在空气中易于被空气中的氧氧化析出硫：

$$2H_2S + O_2 \longrightarrow 2S \downarrow + 2H_2O$$

硫化氢能和多种金属离子作用，生成不同颜色和不同溶解性的硫化物。根据溶度积规则，只有当离子积小于溶度积时，沉淀才能溶解。故此，针对不同金属硫化物，要使其溶解，一种方法是提高溶液的酸度，抑制 H_2S 的离解，另一种方法是采用氧化剂，将 S^{2-} 氧化，以使沉淀溶解。例如：白色的 ZnS 溶于稀酸，黄色的 CdS 溶于较浓的盐酸，黑色的 CuS、Ag_2S 溶于硝酸，而黑色的 HgS 需要在王水中才能溶解。

S^{2-} 能和稀酸作用产生 H_2S 气体。可以根据产生的 H_2S 具有特殊的臭鸡蛋味或其能使 Pb(AC)$_2$ 试纸变黑的现象来检测出 S^{2-}，此外，在弱碱条件下 S^{2-} 能与 $Na_2[Fe(CN)_5NO]$（亚硝基五氰合铁酸钠）作用，生成紫红色配合物，利用这一特征反应可鉴定 S^{2-}：

$$S^{2-} + [Fe(CN)_5NO]^{2-} \longrightarrow [Fe(CN)_5NOS]^{4-}$$

SO_2 溶于水生成 H_2SO_3，H_2SO_3 及其盐常作为还原剂。但遇到比其强的还原剂时，也可作氧化剂：

$$H_2SO_3 + I_2 + H_2O \longrightarrow SO_4^{2-} + 2I^- + 4H^+$$

$$5SO_3^{2-} + 2MnO_4^- + 6H^+ \longrightarrow 5SO_4^{2-} + 2Mn^{2+} + 3H_2O$$

$$H_2SO_3 + 2H_2S \longrightarrow 3S \downarrow + 3H_2O$$

SO_3^{2-} 能与 $Na_2[Fe(CN)_5NO]$ 反应生成红色配合物，加入硫酸锌的饱和溶液和 $K_4[Fe(CN)_6]$ 溶液后，可使红色显著加深。利用这个反应可以鉴定 SO_3^{2-} 的存在。

$H_2S_2O_3$ 不稳定，易分解为 S 和 SO_2，其反应为：

$$H_2S_2O_3 \longrightarrow H_2O + S \downarrow + SO_2 \uparrow$$

而 $Na_2S_2O_3$ 稳定，且是较强的还原剂，能将 I_2 还原为 I^-，本身被氧化为连四硫酸钠，其反

应为:

$$2Na_2S_2O_3 + I_2 \longrightarrow Na_2S_4O_6 + 2NaI$$

该反应是定量进行的,在分析化学上用于碘量法测定。

$S_2O_3^{2-}$ 与 Ag^+ 生成白色 $Ag_2S_2O_3$ 沉淀,随后 $Ag_2S_2O_3$ 在发生水解过程中迅速出现一系列层次可辨的颜色变化,即白→黄→棕,最终成为黑色的 Ag_2S 沉淀:

$$2AgNO_3 + Na_2S_2O_3 \longrightarrow Ag_2S_2O_3 \downarrow + 2NaNO_3$$
$$Ag_2S_2O_3 + H_2O \longrightarrow Ag_2S \downarrow + H_2SO_4$$

利用这一特征可鉴别 $S_2O_3^{2-}$ 的存在。

若 S^{2-}、SO_3^{2-}、$S_2O_3^{2-}$ 同时存在,可先除去对鉴别其他两种离子有干扰的 S^{2-},然后再分别鉴定即可。

过硫酸盐如过二硫酸钾 $K_2S_2O_8$ 在酸性介质中具有强氧化性,其可发生以下反应:

$$5K_2S_2O_8 + 2MnSO_4 + 8H_2O \xrightarrow{Ag^+} 5K_2SO_4 + 2HMnO_4 + 7H_2SO_4$$

3.15.3　仪器和药品

仪器:点滴板;离心机

固体:$FeSO_4 \cdot 7H_2O$;MnO_2;$KBrO_3$;$KClO_3$;$Na_2S \cdot 9H_2O$;$Na_2SO_3 \cdot 7H_2O$;$Na_2SO_4 \cdot 10H_2O$;$Na_2S_2O_3 \cdot 5H_2O$;$K_2S_2O_8$;KIO_3;

酸:HCl(2mol/L;6mol/L;浓);HNO_3(6mol/L;浓);H_2SO_4(2mol/L);H_2S(饱和溶液);

碱:$NaOH$(2mol/L);$NH_3 \cdot H_2O$(2mol/L);

盐:$CrCl_3$(0.1mol/L);KI(0.1mol/L);$KMnO_4$(0.01mol/L);K_2CrO_4(0.1mol/L);$K_2Cr_2O_7$(0.1mol/L);$K_2[Fe(CN)_6]$(0.1mol/L);$NaCl$(0.1mol/L);$ZnSO_4$(0.1mol/L;饱和溶液);$CdSO_4$(0.1mol/L);$CuSO_4$(0.1mol/L);$Hg(NO_3)_2$(0.1mol/L);Na_2S(0.1mol/L);$FeCl_3$(0.1mol/L);$AgNO_3$(0.1mol/L);Na_2SO_3(0.1mol/L);$MnSO_4$(0.01mol/L);$Na_2[Fe(CN)_5NO]$(质量分数1%);$Pb(Ac)_2$(0.1mol/L);$Na_2S_2O_3$(0.1mol/L);$KBrO_3$(0.1mol/L);

其他:H_2O_2(质量分数为3%);淀粉溶液;氯水;溴水;碘水(0.01mol/L);KI-淀粉试纸;滤纸条;乙醚;品红试液。

3.15.4　实验内容

3.15.4.1　证明 H_2O_2 具有氧化性和还原性

参考标准电极电势表;自行设计实验;证明 H_2O_2 具有氧化性和还原性。

要求:

(1)分别以 1~2 个实验来证明 H_2O_2 的氧化性和还原性。

(2)尽可能在本实验所提供的药品中选择所需的有关试剂。

(3)所作实验应有明显的现象产生。

提示:含氧酸盐在酸性介质中可视为含氧酸。

3.15.4.2　H_2O_2 的鉴定

(1)取浓度为 0.1mol/L $K_2Cr_2O_7$ 溶液 2 滴,加入 3% 的 H_2O_2 溶液 3~4 滴和 10 滴乙醚,然后慢慢滴加浓度 6mol/L HNO_3,振荡试管,在乙醚层有蓝色出现,表示有 H_2O_2 存在。

(2)用 K_2CrO_4 代替 $K_2Cr_2O_7$,重复以上实验,解释 H_2O_2 在反应中的作用,写出反应方程式。

3.15.4.3　硫化物的溶解性

(1)在 5 支小试管中,分别加入 0.1mol/L 的 $NaCl$、$ZnSO_4$、$CuSO_4$、$CdSO_4$、$Hg(NO_3)_2$ 溶液各 5 滴,再各加入 1mL 饱和 H_2S 溶液,观察并记录现象。

(2)将有沉淀的试管离心分离后,弃去清液,于沉淀试管中各加入 2mol/L HCl 适量,振荡之,观察并记录实验现象。

(3)用 6mol/L HCl 代替 2mol/L 重复上述操作,观察并记录实验现象。

(4)将有沉淀的试管离心,弃清液,用 2mL 水洗涤沉淀一次,再离心,弃洗涤液,然后各加入浓 HNO_3 适量,且试管要在振荡下适当加热,观察记录实验现象。

(5)重复 4 的操作,以王水取代浓 HNO_3,观察记录实验现象。

注意:实验(2)~(5),特别是(4)、(5),应在通风橱中进行。

记录与讨论:1)生成的硫化物是否都沉淀。2)相应各硫化物的颜色。3)将实验中硫化物颜色和溶解度变化与教材中内容进行比较。4)根据相应的硫化物溶度积大小,得出相应硫化物溶解时需要不同的溶剂及不同浓度的一般规律,并写出相应的化学反应方程式。

3.15.4.4　证明 H_2S、S^{2-}、SO_3^{2-}、$S_2O_3^{2-}$ 具有还原性

参考标准电极电势表,自行设计实验,证明 H_2S、S^{2-}、SO_3^{2-}、$S_2O_3^{2-}$ 具有还原性。

具体要求如下:

(1)各以 1~2 个实验,证明其具有还原性。

(2)尽可能在本实验提供的药品中选择所需试剂。

(3)所作实验应有现象变化产生,可证明其具有还原性。

3.15.4.5　H_2SO_4、$S_2O_8^{2-}$ 的氧化性

(1)取 0.1mol/L 的 Na_2SO_3 溶液 5 滴,加入 2mol/L H_2SO_4 溶液 2~3 滴酸化,然后逐滴加入 H_2S 饱和溶液,观察、记录现象,写出反应方程式。

(2)取 0.1mol/L KI 溶液 5 滴,加入 2mol/L H_2SO_4 溶液 2~3 滴酸化,然后加入少许 $K_2S_2O_8$ 固体,振荡试管,观察现象,写出反应方程式。

(3)在 10 滴蒸馏水中,加入 1~2 滴 2mol/L H_2SO_4 溶液酸化,然后依次加入 0.01mol/L $MnSO_4$ 溶液 2 滴和 0.1mol/L $AgNO_3$ 溶液 1 滴,混合均匀后,加入少量的 $K_2S_2O_8$ 固体并微热,观察、记录现象,写出反应方程式。

由上述实验现象,对 H_2SO_3、$K_2S_2O_8$ 的性质得出结论。

3.15.4.6　S^{2-}、SO_3^{2-}、$S_2O_3^{2-}$ 离子的鉴定

A　S^{2-} 的鉴定

(1)在点滴板上滴 1 滴 0.1mol/L 的含 S^{2-} 溶液,再加入质量分数为 1% 的 $Na_2[Fe(CN)_5NO]$ 溶液 1 滴,试液中出现红紫色,表示有 S^{2-} 存在。

注意:试剂呈碱性时,才有颜色出现,如为酸性,则要加 2mol/L 氨水 1~2 滴,以改变其酸度。

(2)取 0.1mol/L Na_2S 溶液 10 滴加入试管中,再加入 2mol/L HCl 溶液 5 滴,将湿润的 $Pb(Ac)_2$ 试纸盖在试管口上,将试管在小火上微热,试纸上有黑斑出现,表示有 S^{2-} 存在,写出反应方程式。

B　SO_3^{2-} 的鉴定

在点滴板上滴 2 滴饱和 $ZnSO_4$ 溶液,加入新配的 0.1mol/L $K_4[Fe(CN)_6]$ 溶液 1 滴和前述新配的 $Na_2[Fe(CN)_5NO]$ 溶液 1 滴,再加入含 SO_3^{2-} 溶液 1 滴,用玻璃棒搅匀出现红色沉淀表示有

SO_3^{2-} 存在。

注意:酸性条件会使红色消失或不明显,此时可加入 2mol/L 氨水 1～2 滴。

C $S_2O_3^{2-}$ 的鉴定

在点滴板上滴 1 滴 0.1mol/L 的 $Na_2S_2O_3$ 液,再加入 0.1mol/L $AgNO_3$ 溶液 1～2 滴,即有白色沉淀出现。观察沉淀颜色的变化。

D 用最简单的方法鉴别下列四种固体物质

实验室有 A、B、C、D 四种没有标签的固体物质,但是知道它们分别是 Na_2S、Na_2SO_3、Na_2SO_4、$Na_2S_2O_3$。请用最简单的方法将它们鉴别出来。

要求:

(1)设计并写好区别上列物质的实验操作步骤。

(2)通过明显、可靠的实验现象,以准确的论据推断出 A、B、C、D 各为何物质。

3.15.5 思考题

(1)针对自行设计的实验内容,查阅参考资料,写出实验操作步骤,注明其反应条件和相应的反应方程式。

(2)H_2O_2 既有氧化性,又有还原性,介质对它的这种性质有何影响?

(3)根据溶解性的不同,金属硫化物大体可分为几类?

(4)H_2SO_3 和 $Na_2S_2O_3$ 都既有还原性,又有氧化性,对这两种物质来说,哪个性质是主要的?

(5)试验 $K_2S_2O_8$ 氧化 Mn^{2+} 时,为什么要加入 $AgNO_3$?

(6)S^{2-}、SO_3^{2-}、$S_2O_3^{2-}$、SO_4^{2-} 这四种离子是否可以共存?再加入 $S_2O_8^{2-}$,又会怎样?

3.16 卤 素

3.16.1 实验目的

(1)了解卤素单质的溶解性;

(2)熟悉卤素单质的氧化性递变顺序和卤素离子的还原性递变顺序;

(3)掌握氯的含氧酸及其盐的氧化性;

(4)掌握卤素离子的鉴定。

3.16.2 实验原理

卤素单质在水里的溶解度很小(氟与水发生剧烈的化学反应),而在有机溶剂里溶解度较大,所以当水溶液中有 Br^-、I^- 时,可用氧化剂将它们氧化成 Br_2、I_2,再用 CCl_4 等来萃取. 在 CCl_4 中,Br_2 显橙色,I_2 显紫红色,借此可以鉴定 Br^-、I^- 离子的存在。

从电对 X_2/X^- 看,卤素单质都是氧化剂,反之,卤素离子都具有还原性:

$$I_2 + 2e^- \rightleftharpoons 2I^- \qquad E^\ominus = 0.5345V$$

$$Br_2 + 2e^- \rightleftharpoons 2Br^- \qquad E^\ominus = 1.065V$$

$$Cl_2 + 2e^- \rightleftharpoons 2Cl^- \qquad E^\ominus = 1.36V$$

卤素单质按 Cl_2—Br_2—I_2 顺序,前者可从后者的卤化物中将其置换出来。卤化氢易溶于水,其水溶液称为氢卤酸。氢氟酸是一个弱酸,其余均为强酸,并且具有一定的还原性,其中 HI 的还原性最强,能被空气中的氧所氧化:

$$4H^+ + 4I^- + O_2 \longrightarrow 2I_2 + 2H_2O$$

氧化生成的 I_2 能与 I^- 结合成红棕色的 I_3^-，因此，碘化物溶液长期存放时会有颜色：

$$I_2 + I^- \rightleftharpoons I_3^-$$

氢氟酸不同于其他氢卤酸，它能与二氧化硅、硅酸盐作用生成气态 SiF_4：

$$SiO_2 + 4HF \longrightarrow SiF_4 \uparrow + 2H_2O$$

$$CaSiO_3 + 6HF \longrightarrow SiF_4 \uparrow + CaF_2 + 3H_2O。$$

玻璃的主要成分是硅酸盐，所以，HF 不能存放在玻璃瓶中。但是 HF 的这一特性可用于玻璃的刻蚀加工和溶解二氧化硅及各种硅酸盐。

卤素溶解于水时，部分能与水发生作用，并且存在着下列平衡：

$$X_2 + H_2O \rightleftharpoons H^+ + X^- + HXO$$

因此，在氯的水溶液（称为氯水）中加入碱时，平衡向右移动，并生成氯化物和次氯酸盐。次氯酸和次氯酸盐都是强氧化剂，具有漂白性。例如：

$$NaClO + 2HCl \longrightarrow Cl_2 \uparrow + NaCl + H_2O$$

$$NaClO + 2KI + H_2O \longrightarrow I_2 \downarrow + NaCl + KOH$$

$$2NaClO + MnSO_4 \longrightarrow MnO_2 \downarrow + Cl_2 \uparrow + Na_2SO_4$$

卤酸盐在酸性溶液中都是较强的氧化剂，在碱性溶液中氧化性较弱，从有关电对的电极电势可以看出，氯酸盐是较强的氧化剂，例如：

$$KClO_3 + 6HCl \xrightarrow{\triangle} 3Cl_2 + KCl + 3H_2O$$

$$KClO_3 + 6FeSO_4 + 3H_2SO_4 \longrightarrow 3Fe_2(SO_4)_3 + KCl + 3H_2O$$

$$KClO_3 + 6KBr + 3H_2SO_4 \xrightarrow{\triangle} 3Br_2 + KCl + 3K_2SO_4 + 3H_2O$$

$$KClO_3 + 6KI + 3H_2SO_4 \longrightarrow 3I_2 \downarrow + KCl + 3K_2SO_4 + 3H_2O$$

在酸性溶液中，$KClO_3$ 还能将 I_2 进一步氧化成 HIO_3：

$$2HClO_3 + I_2 \longrightarrow 2HIO_3 + Cl_2 \uparrow$$

3.16.3　仪器和药品

仪器：离心机。

固体：碘；锌粉；$FeSO_4 \cdot 7H_2O$；NaF。

酸：HCl（2mol/L）；HNO_3（2mol/L）；H_2SO_4（2mol/L）；HF（市售；质量分数不小于 40%）。

碱：NaOH（2mol/L）。

盐：KBr（0.1mol/L）；KI（0.1mol/L）；NaCl（0.1mol/L）$KClO_3$（饱和溶液）；$(NH_4)_2CO_3$（质量分数为 12%）。

其他：新配氯水；溴水；碘水；品红溶液；CCl_4；淀粉溶液；碘化钾 - 淀粉试纸；石蜡；H_2O_2（质量分数为 3%）。

材料：玻璃片（3cm×5cm）；滴管；镊子；塑料手套。

3.16.4　实验内容

3.16.4.1　氯、溴、碘单质的溶解性

（1）取三支试管，第一支中加新配氯水 1mL，另两支中分别加溴水和碘水 0.5mL（或各加入 1mL 水后，再分别加 2 滴溴水，1 小粒碘，振荡试管），观察、记录颜色。

（2）在以上三支试管中，各加入 CCl_4 10 滴，振荡试管，观察、记录 CCl_4 相和水相的颜色。

由上述实验现象作出卤素单质溶解性的解释。

3.16.4.2 证明卤素间的置换顺序

自行设计实验:确认卤素间的置换顺序。要求如下:

(1)通过实验证明氯能置换出溴,溴能置换出碘。

(2)所作实验应能观察到实验现象有变化。

(3)在 KBr、KI 的混合液中,加数滴 CCl_4,用氯水证明置换顺序。

(4)从(1)、(2)、(3)实验结果,说明氯、溴、碘氧化性相对强弱的变化规律,写出有关反应方程式。

3.16.4.3 氢氟酸对玻璃的腐蚀性

在一块洗净、擦干的玻璃片上,均匀地涂上一薄层熔融石蜡,然后用针头或刀尖在玻璃片中间刻字或花纹(注意笔迹一定要穿透石蜡,露出玻璃),在通风柜中小心用塑料滴管吸取(或用毛笔蘸取)少量氢氟酸,滴或涂在笔迹上(也可在笔迹上撒一薄层 NaF,然后在 NaF 上小心滴加浓硫酸),放在通风柜中至实验结束时,用镊子将玻璃片放在盛水的烧杯中,再取出用水冲洗一下,刮去玻璃片上的石蜡。观察、记录现象,写出反应方程式。

3.16.4.4 氯的含氧酸及其盐的氧化性

A 次氯酸钠及次氯酸的氧化性

取氯水约 4mL,加入 $2mol \cdot L^{-1}$ NaOH 溶液 1～2 滴(用 pH 试纸检查溶液刚到碱性即止),将溶液分为三份。

在第一支试管中加入 $0.1mol \cdot L^{-1}$ KI 溶液 3～5 滴,再滴加 2～3 滴淀粉溶液,观察、记录现象,再滴加 $2mol \cdot L^{-1}$ HCl,又如何?

在第二支试管中加入 $2mol \cdot L^{-1}$ HCl 溶液 4～6 滴,试证明有氯气生成,写出有关反应方程式。

在第三支试管中逐滴加入品红溶液,观察品红颜色是否褪去。

由上述实验结果,试对次氯酸及其盐的性质得出结论。

B 试验氯酸盐的氧化性与介质酸碱性的关系

自行设计实验,试验氯酸盐的氧化性与介质酸碱性的关系。

要求:

(1)氯酸盐在中性介质中氧化性如何? 氯酸盐在酸性介质中氧化性如何?(2)每一实验用两个还原剂作试验。

3.16.4.5 自行设计实验,证明 Br_2 在碱性溶液中的歧化反应

提示:Br_2 在碱性溶液中容易发生歧化反应,生成次溴酸盐和溴化物。但次溴酸盐热稳定性较差,也容易发生歧化反应,所以,Br_2 在温度 50～80℃ 的碱溶液中得到的产物几乎全是溴酸盐。

3.16.4.6 自行设计 Cl^-、Br^-、I^- 混合离子分离及 Br^-、I^- 离子等鉴定的实验

提示: AgX 都是难溶性沉淀。

AgCl 可与 12% 的 $(NH_4)_2CO_3$ 溶液作用,生成 $[Ag(NH_3)_2]Cl$ 而溶解,从而与 AgBr 和 AgI 沉淀分离。然后在分离出来的溶液中加入 HNO_3,如有白色沉淀,表示有 Cl^- 存在。

AgBr、AgI 沉淀可用少量锌粉,在稀酸溶液中发生置换反应,使 Br^-、I^- 重新进入溶液,再进行 Br^- 和 I^- 的鉴定。

为使反应完全,沉淀易于分离,过程中常需用水浴加热。

要求:(1)查阅参考书刊,写出分离、鉴定步骤,并以直观、简明的示意图表示。(2)各取 4 滴相同浓度的卤化物溶液,自己配制成混合离子试液。(3)所得沉淀在下一步处理前一般都要洗

涤两次。(4)分别鉴定 Br⁻、I⁻离子,保留产物,以备检查。

3.16.5　思考题

(1)实验中如何制备次氯酸钠?

(2)在 Br⁻、I⁻混合离子溶液中加入氯水时,足量的氯最终能将 I⁻氧化成什么物质?

(3)写好自行设计实验的操作步骤,并注明反应条件。

(4)要使 0.1molAgBr 溶于氨水生成 $[Ag(NH_3)_2]^+$ 时,氨水浓度至少是多少?

3.17　以废铝为原料制备氢氧化铝

3.17.1　实验目的

(1)通过由废铝制备氢氧化铝,了解废物综合利用的意义;

(2)熟悉金属铝和氢氧化铝的有关性质;

(3)掌握无机制备中的一些基本操作方法。

3.17.2　实验原理

$Al(OH)_3$ 为白色、无定形粉末,无嗅无味,不溶于水,可溶于酸和碱,用作分析试剂、媒染剂,也用于制药工业和铝盐制备。

我国每年有大量废弃的铝(铝牙膏皮、铝药膏皮、铝制器皿、铝饮料罐等),本实验是利用废弃的铝牙膏皮或铝药膏皮来制备工业上有用的 $Al(OH)_3$。

人工合成的氢氧化铝因制备条件不同,可得到不同结构、不同含水量的氢氧化铝,如 $AlO(OH)$、$\alpha-Al(OH)_3$、$\gamma-Al(OH)_3$ 及无定形的 $Al_2O_3 \cdot H_2O$。

本实验采用铝酸盐法制备氢氧化铝,以废铝牙膏皮或铝药膏皮为原料,首先与 NaOH 反应制备偏铝酸钠溶液,然后与 NH_4HCO_3 溶液反应得到氢氧化铝沉淀。其反应式为:

$$2Al + 2NaOH + 6H_2O \longrightarrow 2Na[Al(OH)_4] + 3H_2 \uparrow$$

或

$$2Al + 2NaOH + 2H_2O \longrightarrow 2NaAlO_2 + 3H_2 \uparrow$$

然后:　　$$2NaAlO_2 + NH_4HCO_3 + 2H_2O \longrightarrow Na_2CO_3 + 2Al(OH)_3 \downarrow + NH_3 \uparrow$$

新沉淀的 $Al(OH)_3$ 长时间浸于水中将失去溶于酸和碱的能力,在高于 130℃ 时进行干燥也可能出现类似变化。

3.17.3　仪器和药品

仪器:烧杯(250mL、400mL);布氏漏斗;吸滤瓶;恒温烘箱;台秤。

药品:NaOH(固);NH_4HCO_3(固)。

其他:废铝牙膏皮或铝药膏皮;铝鞋油皮;pH 试纸。

3.17.4　实验内容

3.17.4.1　制备偏铝酸钠

将 1g 已经处理好的铝片剪成细条或碎片,快速称取比理论量多 50% 的固体 NaOH 于 250mL 烧杯中,加 50mL 蒸馏水溶解加热,并分次地加入 1g 金属铝片,反应开始后即停止加热,并以加铝片的快慢、多少控制反应(反应激烈,以表面皿作盖,防止碱液溅出发生伤人事故!)。反应至不再有气体产生后,用布氏漏斗减压过滤,将滤液转入 250mL 烧杯,用少量水淋洗反应烧杯一次,淋洗液再行抽滤,淋洗滤液一并转入 250mL 烧杯。再用少量水淋洗抽滤瓶一次,淋洗液也转入 250mL 烧杯中。

3.17.4.2 合成氢氧化铝

将上述偏铝酸钠溶液加热至沸,在不断搅拌下,将 75mL 饱和 NH_4HCO_3 溶液以细流状加入其中,逐渐有沉淀生成,并将沉淀搅拌约 5 分钟(**注意**:整个过程需不停搅拌,停止加热后还要搅拌一会,以防溅出)。静置澄清,检验沉淀是否完全,待沉淀完全后,用布氏漏斗减压过滤。

3.17.4.3 氢氧化铝的洗涤、干燥

将 $Al(OH)_3$ 沉淀转入 400mL 烧杯中,加入约 150mL 近沸的蒸馏水,在搅拌下加热 $2\sim3min$,静置澄清,倾出清液,重复上述操作两次。最后一次将沉淀移入布氏漏斗减压过滤,并用 100mL 近沸蒸馏水洗涤(此时滤液的 pH 为 $7\sim8$),抽干,将 $Al(OH)_3$ 移至表面皿上,放入烘箱中,在 80℃下烘干,冷却后称量,计算产率。

3.17.5 思考题

(1)计算 $Al(OH)_3$ 沉淀完全时的 pH 值,沉淀时应控制的 pH 值。

(2)欲得到纯净松散的 $Al(OH)_3$ 沉淀,合成中应注意哪些条件?

(3)怎样配置 75mL 饱和 NH_4HCO_3 溶液?

(4)合成氢氧化铝时,如何检验沉淀是否完全?

表 3-13 不同温度下 NH_4HCO_3 在水中的溶解度

$t/℃$	0	10	20	30
NH_4HCO_3 溶解度(g/100mL 水)	11.9	15.8	21	27

3.18 铜、银、锌、镉、汞 及其化合物的性质

3.18.1 实验目的

(1)掌握 Cu、Ag、Zn、Cd、Hg 氧化物或氢氧化物的酸碱性和稳定性;

(2)掌握 Cu、Ag、Zn、Cd、Hg 重要配合物的性质;

(3)掌握 Cu(Ⅰ)和 Cu(Ⅱ)、Hg(Ⅰ)和 Hg(Ⅱ)的相互转化条件及 Cu(Ⅱ)、Ag(Ⅰ)的氧化性;

(4)掌握 Cu^{2+}、Ag^+、Zn^{2+}、Cd^{2+}、Hg_2^{2+} 混合离子的分离和鉴定方法。

3.18.2 实验原理

在周期表中 Cu、Ag 属ⅠB族元素,Zn、Cd、Hg 为ⅡB族元素。Cu、Zn、Cd、Hg 常见氧化值为 +2,Ag 为 +1,Cu 与 Hg 的氧化值还有 +1。它们化合物的重要性质如下:

3.18.2.1 氢氧化物的酸碱性和脱水性

(1)Ag^+、Hg^{2+}、Hg_2^{2+} 离子与适量 NaOH 反应时,产物是氧化物,这是由于它们的氢氧化物极不稳定,在常温下易脱水所致。这些氧化物及 $Cd(OH)_2$ 均显碱性。

(2)$Cu(OH)_2$(浅蓝色)也不稳定,加热至90℃时脱水产生黑色 CuO。$Cu(OH)_2$ 呈较弱的两性(偏碱),$Zn(OH)_2$ 属典型两性。

3.18.2.2 配合性

Cu^{2+}、Cu^+、Ag^+、Zn^{2+}、Cd^{2+}、Hg^{2+} 等离子都有较强的接受配体的能力,能与多种配体(如

X^-,CN^-,$S_2O_3^{2-}$,SCN^-,NH_3)形成配离子。

铜盐与过量 Cl^- 离子能形成黄绿色$[CuCl_4]^{2-}$配离子：

$$Cu^{2+} + 4Cl^- \longrightarrow [CuCl_4]^{2-}（黄绿色）$$

银盐与过量 $Na_2S_2O_3$ 溶液反应形成无色$[Ag(S_2O_3)_2]^{3-}$配离子：

$$Ag^+ + 2S_2O_3^{2-} \longrightarrow [Ag(S_2O_3)_2]^{3-}（无色）$$

Hg^{2+} 与过量 KSCN 溶液反应生成$[Hg(SCN)_4]^{2-}$配离子：

$$Hg^{2+} + 2SCN^- \longrightarrow Hg(SCN)_2 \downarrow（白色）$$
$$Hg(SCN)_2 + 2SCN^- \longrightarrow [Hg(SCN)_4]^{2-}$$

$[Hg(SCN)_4]^{2-}$与 Co^{2+} 反应生成蓝紫色的 $Co[Hg(SCN)_4]$，可用做鉴定 Co^{2+} 离子。与 Zn^{2+} 反应生成白色的 $Zn[Hg(SCN)_4]$，可用来鉴定 Zn^{2+} 离子的存在。

（1）Cu^{2+}、Ag^+、Zn^{2+}、Cd^{2+} 与过量的 $NH_3 \cdot H_2O$ 反应时,均生成氨的配离子。$Cu_2(OH)_2SO_4$、$AgOH$、Ag_2O 等难溶物均溶于 $NH_3 \cdot H_2O$ 形成配合物。Hg^{2+} 只有在大量 NH_4^+ 存在时,才与 $NH_3 \cdot H_2O$ 生成配离子。当 NH_4^+ 不存在时,则生成难溶盐沉淀。例如：

$$HgCl_2 + NH_3 \cdot H_2O \longrightarrow HgNH_2Cl \downarrow（白色） + NH_4Cl + H_2O$$
$$2Hg_2(NO_3)_2 + 4NH_3 \cdot H_2O \longrightarrow HgO \cdot HgNH_2NO_3 \downarrow（白色） + Hg \downarrow（黑色） + 3NH_4NO_3 + 3H_2O$$

（2）Cu^{2+}、Cu^+、Ag^+、Zn^{2+}、Cd^{2+}、Hg^{2+} 与过量 KI 反应时,除 Zn^{2+} 以外,均与 I^- 形成配离子,但由于 Cu^{2+} 的氧化性,产物是时 Cu(I) 的配离子$[CuI_2]^-$。Hg_2^{2+} 较稳定,而 Hg(I) 配离子易歧化,产物是$[HgI_4]^{2-}$配离子,它与 NaOH 的混合液为奈斯勒试剂,可用于鉴定 NH_4^+ 离子。反应式及现象如下：

$$NH_4^+ + 2[HgI_4]^{2-} + 4OH^- \longrightarrow \left[O \begin{matrix} Hg \\ \diagup \diagdown \\ \diagdown \diagup \\ Hg \end{matrix} NH_2 \right] I \downarrow（红棕色） + 7I^- + 3H_2O$$

（3）Cu^{2+}、Ag^+、Zn^{2+}、Cd^{2+}、Hg^{2+} 与 $NH_3 \cdot H_2O$,KI 反应产物的颜色如表 13-4。

表 3-14　一些化合物的颜色

$Cu_2(OH)_2SO_4$ 蓝色	Ag_2O 褐色	$Zn(OH)_2$ 白色	$Cd(OH)_2$ 白色	HgO 黄色	
$[Cu(NH_3)_4]^{2+}$ 深蓝	$[Ag(NH_3)_2]^{2+}$ 无色	$[Zn(NH_3)_4]^{2+}$ 无色	$[Cd(NH_3)_4]^{2+}$ 无色	$HgNH_2Cl$ 黄色	
$CuI \downarrow$ 白色 $+I_2$	$AgI \downarrow$ 黄色	—	CdI_2 绿黄色	HgI_2 橙红色	Hg_2I_2 黄绿色
$[CuI_2]^-$	$[AgI_2]^-$	—	$[CdI_4]^{2-}$	$[HgI_4]^{2-}$ 无色	

3.18.2.3　氧化性

从标准电极电势值可知：Cu^{2+}、Ag^+、Hg^{2+}、Hg_2^{2+} 和相应的化合物具有氧化性,均为中强氧化剂。Cu^{2+} 溶液中加入 KI 时,I^- 被氧化为 I_2,Cu^{2+} 被还原得到白色 CuI 沉淀,CuI 能溶于过量 KI 中形成配离子。

$$2Cu^{2+} + 4I^- \longrightarrow 2CuI \downarrow（白色） + I_2$$

$CuCl_2$ 溶液中加入 Cu 屑,与浓 HCl 共煮得到棕黄色$[CuCl_2]^-$配离子。

$$CuCl_2 + Cu(s) + 2HCl(浓) \longrightarrow 2H[CuCl_2]（棕黄色）$$

生成的配离子$[CuCl_2]^-$不稳定,加水稀释时,可得到白色的 CuCl 沉淀。

在碱性介质中,Cu^{2+} 与葡萄糖共煮,Cu^{2+} 被还原成 Cu_2O 红色沉淀。

$$2Cu^{2+} + 4OH^-(过量) + C_6H_{12}O_6 \longrightarrow Cu_2O\downarrow(红色) + 2H_2O + C_6H_{12}O_7$$
$$或\ 2[Cu(OH)_4]^{2-} + C_6H_{12}O_6 \longrightarrow Cu_2O\downarrow(红色) + 4OH^- + 2H_2O + C_6H_{12}O_7$$

此反应称为"铜镜反应",可用于定性鉴定糖尿病。

银盐溶液中加入过量 $NH_3 \cdot H_2O$,再与葡萄糖或甲醛反应,Ag^+ 被还原为金属银。

$$Ag^+ + 6NH_3 + 2H_2O \longrightarrow 2[Ag(NH_3)_2]^+ + 2NH_4^+ + 2OH^-$$
$$2[Ag(NH_3)_2]^+ + C_6H_{12}O_6 + 2OH^- \longrightarrow 2Ag\downarrow + C_6H_{12}O_7 + 4NH_3 + H_2O$$
$$或\ [Ag(NH_3)_2]^+ + HCHO + 2OH^- \longrightarrow 2Ag\downarrow + HCOONH_4 + 3NH_3 + H_2O$$

此反应称"银镜反应",曾用于制造镜子和保温瓶夹层上的镀银。

$HgCl_2$ 与少量 $SnCl_2$ 反应,得到白色的 Hg_2Cl_2 沉淀,继续与 $SnCl_2$ 反应,Hg_2Cl_2 可以进一步被还原为黑色的 Hg。

$$2HgCl_2 + SnCl_2(适量) \longrightarrow Hg_2Cl_2\downarrow(白色) + SnCl_4$$
$$Hg_2Cl_2 + SnCl_2(过量) \longrightarrow 2Hg\downarrow(黑色) + SnCl_4$$

此反应常用来鉴定 Hg^{2+} 或 Sn^{2+} 离子。

3.18.2.4 离子鉴定

(1)Cu^{2+}:在中性或弱酸性(HAc)介质中,与亚铁氰化钾 $K_4[Fe(CN)_6]$ 反应生成红褐色沉淀:

$$2Cu^{2+} + [Fe(CN)_6]^{4-} \longrightarrow Cu_2[Fe(CN)_6]\downarrow(红褐色)$$

(2)Ag^+:在 $AgNO_3$ 溶液中,加入 Cl^- 离子,形成 AgCl 白色沉淀,AgCl 溶于 $NH_3 \cdot H_2O$ 生成无色 $[Ag(NH_3)_2]^+$ 配离子,继续加 HNO_3 酸化,白色沉淀又析出,此法用于鉴定 Ag^+ 离子的存在。另外银盐与 K_2CrO_7 反应生成 Ag_2CrO_4 砖红色沉淀:

$$2Ag^+ + CrO_4^{2-} \longrightarrow Ag_2CrO_4\downarrow(砖红色)$$

(3)Cd^{2+}:镉盐与 Na_2S 溶液反应生成黄色沉淀。

$$Cd^{2+} + S^{2-} \longrightarrow CdS\downarrow(黄色)$$

3.18.3 仪器与药品

仪器:试纸;点滴板。

固体:铜屑。

酸:HCl(2mol/L;浓);HNO_3(2mol/L,6mol/L)。

碱:NaOH(2mol/L;6mol/L;40%);$NH_3 \cdot H_2O$(2mol/L;6mol/L;浓)。

盐:(1)0.1mol/L 盐溶液:KI;KBr;KSCN;K_2CrO_4;$K_4[Fe(CN)_6]$;$Na_2S_2O_3$;Na_2S;NaCl;NH_4Cl;$MgSO_4$;$SnCl_2$;$Pb(NO_3)_2$;$CrCl_3$;$MnSO_4$;$FeCl_3$;$CoCl_2$;$CuSO_4$;$AgNO_3$;$ZnSO_4$;$CdSO_4$;$HgCl_2$;$Hg(NO_3)_2$;$Hg_2(NO_3)_2$。

(2)KI(0.5mol/L);Na_2S(0.5mol/L);$CuCl_2$(1mol/L);Cu^{2+};Ag^+;Zn^{2+};Cd^{2+};Hg^{2+} 混合液。

其他:甲醛(2%);葡萄糖(10%);CCl_4。

3.18.4 实验内容

3.18.4.1 银的配合物

(1)取数滴 0.1mol/L $AgNO_3$,加入等量 0.1mol/L NaCl 溶液,静置片刻,弃去清液。将沉淀分盛两支试管,一支试管中加入 2mL mol/L $NH_3 \cdot H_2O$,沉淀溶解,为什么?滴加 6mol/L HNO_3,又产生白色沉淀,为什么?另一支试管中加入少量 0.1mol/L $Na_2S_2O_3$ 溶液,沉淀溶解,为什么?写出反应方程式。

(2)制取少量 AgBr 沉淀,按实验(1)试验它们在 $NH_3 \cdot H_2O$ 和 $Na_2S_2O_3$ 溶液中的溶解情况,写出有关反应方程式。

3.18.4.2 铜的配合物

(1)取数滴 0.1mol/L $CuSO_4$ 溶液,加入适量 6mol/L $NH_3 \cdot H_2O$,生成天蓝色沉淀,加入过量 6mol/L $NH_3 \cdot H_2O$,沉淀溶解,得到深蓝色 $[Cu(NH_3)_4]SO_4$ 溶液,将溶液分成两试管,在一支试管中加入数滴 2mol/L NaOH,另一支加入数滴 0.1mol/L Na_2S 溶液,记录现象,写出离子反应方程式。

(2)取 1mL 0.5mol/L CuCl 溶液,加入固体 NaCl,振荡试管使之溶解,观察溶液颜色变化,加水稀释溶液颜色又有何变化。写出离子反应方程式。

3.18.4.3 汞的配合物

(1)取数滴 0.1mol/L $HgCl_2$ 溶液,加入几滴 0.1mol/L KI 溶液,观察沉淀颜色,继续加入过量 0.5mol/L KI 溶液,沉淀溶解,为什么?写出离子反应方程式。

在所得的溶液中,加入数滴 40% NaOH 溶液,即得奈斯勒试剂。在点滴板上加 2 滴 0.1mol/L NH_4Cl 溶液,再加入自制的奈斯勒试剂 2 滴,观察现象,写出离子方程式。

(2)取数滴 0.1mol/L $Hg_2(NO_3)_2$ 溶液,加入几滴 0.1mol/L KI 溶液,观察沉淀颜色,继续加入过量 0.5mol/L KI,记录现象,写出离子反应方程式。

3.18.4.4 Cu(Ⅱ)的氧化性和 Cu(Ⅰ)与 Cu(Ⅱ)的转化

(1)取数滴 0.1mol/L $CuSO_4$ 溶液,滴加 0.1mol/L KI 溶液,观察溶液颜色变化,分离和洗涤沉淀,且观察其颜色,往沉淀中滴加 0.5mol/L KI,观察其溶解情况,写出反应方程式。

(2)取 1mol/L $CuCl_2$ 溶液,加少量铜屑和 2mL 浓盐酸,加热至沸,待溶液呈棕黄色,用滴管取几滴溶液于少量蒸馏水中,至有白色沉淀时,将棕色溶液全部倾入盛有蒸馏水小烧杯中,观察白色沉淀的生成。静置,用倾析法洗涤白色沉淀两次,用滴管取沉淀,分别进行下列实验:

1)将少量白色沉淀置于空气中;

2)将沉淀加入浓 HCl 中;

3)将沉淀加入浓 $NH_3 \cdot H_2O$ 中。

观察与记录实验现象,写出对应的反应方程式。

(3)取少量 0.1mol/L $CuSO_4$ 溶液,加入过量 6mol/L NaOH 溶液,使蓝色沉淀溶解,再往此溶液中加入少量葡萄糖溶液,振荡,微热,观察沉淀的颜色,写出反应方程式。

3.18.4.5 Ag(I)的氧化性

在洁净的试管中加入 2mL 0.1mol/L $AgNO_3$,滴加 2mol/L $NH_3 \cdot H_2O$,使褐色沉淀溶解,再多加数滴 $NH_3 \cdot H_2O$,然后加入少量 10% 葡萄糖(或 2% 甲醛溶液)摇匀后于水浴中加热,观察管壁银镜的生成,写出反应方程式(管壁的银要回收,银镜如何清洗?)

3.18.4.6 氢氧化物的酸碱性和稳定性

使用 0.1mol/L $CuSO_4$、$AgNO_3$、$CdSO_4$、$HgCl_2$、$Hg_2(NO_3)_2$、$ZnSO_4$ 溶液和 2mol/L NaOH 溶液、2mol/L HNO_3 溶液,设计一个实验方案,通过实验比较氢氧化物的酸碱性,氢氧化物在室温和沸水浴中的稳定性。

记录实验现象(沉淀,溶解,颜色),写出对应的反应方程式。

3.18.4.7 试选用一种试剂将 Fe^{3+}，Co^{2+}，Cu^{2+}，Zn^{2+} 和 Hg^{2+} 5 种离子加以区别。

3.18.5 思考题

(1) $CuCl(s)$ 溶于浓 $NH_3 \cdot H_2O$(或浓 HCl)后,生成的产物呈蓝色(或棕黄色),为何物? 此蓝色是 $[Cu(NH_3)_2]^+$ 配离子的颜色吗?

(2) 在 $CuSO_4$ 溶液中加入 KI 即产生白色 CuI 沉淀,而加入 $NaCl$ 溶液为何不产生白色 $CuCl$ 沉淀?

(3) 为何先将 $AgNO_3$ 制成 $[Ag(NH_3)_2]^+$ 配离子,然后,用葡萄糖还原制取银镜。若用葡萄糖直接还原 $AgNO_3$ 溶液能否制得? 为什么?

(4) Cu^{2+},Ag^+,Zn^{2+},Cd^{2+},Hg^{2+} 混合离子分离时:

1) 加入过量 $6mol/L$ $NH_3 \cdot H_2O$ 是利用什么性质? 将哪种离子分离出来?

2) 加入 $2mol/L$ HCl,是利用什么性质? 将哪种离子分离出来?

3) 加入过量 $6mol/L$ $NaOH$ 是利用什么性质? 将哪种离子分离出来?

4) 某一无色硝酸盐溶液,加入氨水有白色沉淀,若加稀 $NaOH$ 溶液,则产生黄色沉淀,若逐滴加 KI 溶液,先析出橙红色沉淀,若继续滴加 KI 至过量,则橙红色沉淀溶解为无色溶液。写出无色硝酸盐的化学式及有关离子方程式。

3.19 铬、锰、铁、钴、镍及其重要化合物的性质

3.19.1 实验目的

(1) 掌握铬和锰的各种重要价态化合物的生成和性质;

(2) 掌握铬和锰常见氧化态间的相互转化及转化条件;

(3) 了解一些难溶的铬酸盐;

(4) 掌握 $Fe(II)$、$Co(II)$、$Ni(II)$ 化合物的还原性和 $Fe(III)$、$Co(III)$、$Ni(III)$ 化合物的氧化性;

(5) 掌握 Cr^{3+}、Mn^{2+}、Fe^{3+} 和 Fe^{2+} 离子的鉴定。

3.19.2 仪器和药品

仪器:试管;胶头滴管。

固体:$FeSO_4$;Na_2SO_3;$NaBiO_3$;$(NH_4)_2Fe(SO_4)_2 \cdot 6H_2O$。

酸:$HCl(2.0mol/L;浓)$;$H_2SO_4(1.0mol/L \ 3.0mol/L)$;$HNO_3(2.0mol/L)$。

碱:$NaOH(2.0mol/L;6.0mol/L)$。

盐:$CrCl_3(0.1mol/L)$;$K_2Cr_2O_7(0.1mol/L)$;$AgNO_3(0.1mol/L)$;$BaCl_2(0.1mol/L)$;$Pb(NO_3)_2$ $(0.1mol/L)$;$K_2CrO_4(0.1mol/L)$;$MnSO_4(0.1mol/L)$;$KMnO_4(0.01mol/L)$;$CoCl_2(0.1mol/L)$; $NiSO_4(0.1mol/L)$;$FeCl_3(0.1mol/L)$;$KI(0.1mol/L)$;$KSCN(0.1mol/L)$;$K_4[Fe(CN)_6]$ $(0.1mol/L)$;$K_3[Fe(CN)_6](0.1mol/L)$。

其他:CCl_4,溴水,$H_2O_2(3\%)$;KI-淀粉试纸。

3.19.3 实验内容

3.19.3.1 $Cr(OH)_3$ 的生成和性质

在两只试管中均加入 $0.5mL$ $0.1mol/L$ $CrCl_3$ 溶液,逐滴加入 $2.0mol/L$ $NaOH$ 溶液直到有沉淀

生成为止,观察沉淀的颜色。然后在一支试管中继续滴加 NaOH 溶液,而在另一支试管中滴加 2.0mol/L 的 HCl 溶液,观察现象。写出反应方程式。

3.19.3.2　Cr(Ⅲ)与 Cr(Ⅵ)的相互转化

(1)在试管中加入 0.5mL 0.1mol/L CrCl$_3$ 溶液,加入 2.0mol/L NaOH 溶液直到沉淀溶解使之成为 CrO$_2^-$ 为止,再加入少量 3% H$_2$O$_2$ 溶液,在水浴中加热,观察溶液的颜色变化,解释现象,写出反应方程式。

(2)在试管中加入 0.5mL 0.1mol/L K$_2$Cr$_2$O$_7$ 溶液,加入 1mL 1mol/L H$_2$SO$_4$ 溶液进行酸化,然后滴加 3% H$_2$O$_2$ 溶液,振荡,观察现象。写出反应方程式。

(3)在试管中加入 0.5mL 0.1mol/L K$_2$Cr$_2$O$_7$ 溶液和 1mL 1mol/L H$_2$SO$_4$ 溶液,然后加入黄豆大小的 Na$_2$SO$_3$ 固体,振荡,观察溶液颜色的变化。写出反应方程式。

(4)在试管中加入 0.5mL 0.1mol/L K$_2$Cr$_2$O$_7$ 溶液,加入 3~5mL 浓 HCl 溶液,微热,用湿润的 KI-淀粉试纸在试管口检验逸出的气体,观察试纸和溶液颜色的变化。写出反应方程式。

3.19.3.3　CrO$_4^{2-}$ 与 Cr$_2$O$_7^{2-}$ 的相互转化

在试管中加入 2mL 0.1mol/L K$_2$Cr$_2$O$_7$ 溶液,滴加 2.0mol/L NaOH 溶液使溶液呈碱性,观察溶液的颜色变化,再逐滴加入 1mol/L H$_2$SO$_4$ 使溶液呈酸性,观察溶液的颜色又有何变化,写出转化的平衡方程式。

3.19.3.4　难溶铬酸盐的生成

取三支试管,分别加入 10 滴 0.1mol/L AgNO$_3$、0.1mol/L BaCl$_2$、0.1mol/L Pb(NO$_3$)$_2$ 溶液,然后均滴加 0.1mol/L K$_2$CrO$_4$ 溶液,观察生成沉淀的颜色。写出反应方程式。用 K$_2$Cr$_2$O$_7$ 溶液做同样的实验,比较两种实验的结果,写出反应方程式。

3.19.3.5　Mn(Ⅱ)盐与高锰酸盐的性质

(1)取三支试管,各加入几滴 0.1mol/L MnSO$_4$ 溶液和 2.0mol/L NaOH 溶液,观察生成沉淀的颜色。写出反应方程式。然后,在第一支试管中滴加 2.0mol/L NaOH 溶液,观察沉淀是否溶解,在第二支试管中滴加 2.0mol/L HCl 溶液,观察沉淀是否溶解,将第三支试管充分振荡后放置,观察现象,写出反应方程式。

(2)在试管中加入 3mL 2mol/L HNO$_3$ 溶液和 1~2 滴 0.1mol/L MnSO$_4$ 溶液,再加少量 NaBiO$_3$ 固体,微热,观察现象。写出反应方程式。

(3)取三支试管,均加入 1mL 0.01mol/L KMnO$_4$ 溶液,再分别加入 2mol/L H$_2$SO$_4$ 溶液、6.0mol/L NaOH 溶液及水各 1mL,然后均加入少量 Na$_2$SO$_3$ 固体,振荡试管,观察反应现象,比较它们的产物。写出离子方程式。

3.19.3.6　Fe(Ⅱ)、Co(Ⅱ)、Ni(Ⅱ)化合物的还原性

(1)在一支试管中加入 1~2mL 蒸馏水和 3~5 滴 1mol/L H$_2$SO$_4$ 溶液,煮沸,驱除溶解的氧,然后加入少量(NH$_4$)$_2$Fe(SO$_4$)$_2$·6H$_2$O 固体,振荡,使之溶解,在另一支试管中加入 1~2mL 2.0mol/L NaOH 溶液,煮沸,驱除溶解的氧,迅速倒入第一支试管中,观察反应现象。然后振荡试管,放置片刻,观察沉淀颜色的变化。说明原因,写出反应方程式。

(2)在试管中加入 1mL 0.01mol/L KMnO$_4$ 溶液,用 1mL 1mol/L H$_2$SO$_4$ 溶液酸化,然后加入少量(NH$_4$)$_2$Fe(SO$_4$)$_2$·6H$_2$O 固体,振荡,观察现象,写出反应方程式。

(3)在试管中加入 2mL 0.1mol/L CoCl$_2$ 溶液,滴加 2.0mol/L NaOH 溶液,观察现象,振荡试管或微热后再观察现象,写出反应方程式。

(4)在试管中加入 2mL 0.1mol/L NiSO$_4$ 溶液,滴加 2.0mol/L NaOH 溶液,观察现象,写出反应

方程式。放置后再观察现象。

3.19.3.7 Fe(Ⅲ)、Co(Ⅲ)、Ni(Ⅲ)化合物的氧化性。

(1)在试管中加入 1mL 0.1mol/L $FeCl_3$ 溶液,滴加 2.0mol/L NaOH 溶液,在生成的 $Fe(OH)_3$ 沉淀上滴加浓 HCl,观察是否有气体产生,写出反应方程式。

(2)在试管中加入 1mL 0.1mol/L $FeCl_3$ 溶液,滴加 0.1mol/L KI 溶液至红棕色。加入 5 滴左右的 CCl_4,振荡,观察 CCl_4 层的颜色,写出反应方程式。

(3)在试管中加入 1mL 0.1mol/L $CoCl_2$ 溶液,滴加 5～10 滴溴水后,再滴加 2.0mol/L NaOH 溶液至棕色沉淀产生。将沉淀加热后静置,吸取上层清液并以少量水洗涤沉淀,然后在沉淀上滴加 5 滴浓 HCl,加热。以湿润的 KI－淀粉试纸检验放出的气体。化学方程式为:

$$2CoCl_2 + Br_2 + 6NaOH \longrightarrow 2Co(OH)_3 + 2NaBr + 4NaCl$$
$$2Co(OH)_3 + 6HCl \longrightarrow 2CoCl_2 + Cl_2 \uparrow + 6H_2O$$

(4)以 $NiSO_4$ 代替 $CoCl_2$,重复实验(3)的操作。写出反应方程式。

3.19.3.8 铁的配合物

(1)在试管中加入 1mL 0.1mol/L $FeCl_3$ 溶液,滴加 0.1mol/L $K_4[Fe(CN)_6]$ 溶液,观察蓝色沉淀的生成,该反应用于 Fe^{3+} 的鉴定。写出反应方程式。

(2)在试管中加入 1mL 0.1mol/L $FeCl_3$ 溶液,滴加 0.1mol/L KSCN 溶液,观察现象,该反应用于 Fe^{3+} 的鉴定,写出反应的离子方程式。

(3)在试管中加入 0.5mL 0.1mol/L $K_3[Fe(CN)_6]$ 溶液,滴加新配置的 0.1mol/L $FeSO_4$ 溶液,观察蓝色沉淀的生成,该反应用于 Fe^{2+} 的鉴定,写出反应方程式。

3.19.4 思考题

(1)在试验 $K_2Cr_2O_7$ 的氧化性时,酸化溶液为什么用 H_2SO_4? 能否用 HCl 代替? 为什么?

(2)$KMnO_4$ 的还原产物和介质有什么关系?

(3)如何鉴定 Fe^{2+}、Fe^{3+}?

(4)由实验总结 Fe(Ⅱ)、Co(Ⅱ)、Ni(Ⅱ)化合物的还原性和 Fe(Ⅲ)、Co(Ⅲ)、Ni(Ⅲ)化合物的氧化性强弱顺序。

(5)$K_2Cr_2O_7$ 与 $BaCl_2$ 反应能否得到 $BaCr_2O_7$ 沉淀? 为什么?

4 无机化学综合实验

4.1 硫代硫酸钠的制备

4.1.1 实验目的

(1) 了解用 Na_2SO_3 和 S 制备硫代硫酸钠的方法;

(2) 学习用冷凝管进行回流的操作;

(3) 熟悉减压过滤、蒸发、结晶等基本操作;

(4) 进一步练习滴定操作。

4.1.2 实验原理

硫代硫酸钠从水溶液中结晶得五水合物($Na_2S_2O_3 \cdot 5H_2O$),它是一种白色晶体,商品名称为"海波",硫代硫酸根中硫的氧化值为 +2,其结构式为:

$$\begin{pmatrix} O & & O \\ & S & \\ O & S & S \end{pmatrix}^{2-}$$

硫元素的电极电势图如下:

$$E_A^{\ominus}/V \qquad S_2O_8^{2-} \xrightarrow{2.01} SO_4^{2-} \xrightarrow{-0.20} H_2SO_3 \xrightarrow{0.40} S_2O_3^{2-} \xrightarrow{-0.50} S$$

$$E_B^{\ominus}/V \qquad SO_4^{2-} \xrightarrow{-0.93} SO_3^{2-} \xrightarrow{-0.58} S_2O_3^{2-} \xrightarrow{-0.74} S$$

由电极电势图可知,酸性溶液中 $S_2O_3^{2-}$ 易发生歧化反应,生成 H_2SO_3 和 S。碱性溶液中发生反歧化反应,即由 SO_3^{2-} 与 S 作用生成 $S_2O_3^{2-}$。

本实验是利用亚硫酸钠与硫共煮制备硫代硫酸钠。其反应式为:

$$Na_2SO_3 + S \longrightarrow Na_2S_2O_3$$

鉴别 $Na_2S_2O_3$ 的特征反应为:

$$2Ag^+ + S_2O_3^{2-} \longrightarrow Ag_2S_2O_3 \downarrow$$
$$\text{(白色)}$$

$$Ag_2S_2O_3 + H_2O \longrightarrow H_2SO_4 + Ag_2S \downarrow$$
$$\text{(黑色)}$$

在含有 $S_2O_3^{2-}$ 溶液中加入过量的 $AgNO_3$ 溶液,立刻生成白色沉淀,此沉淀迅速变黄、变棕,最后变成黑色。

硫代硫酸盐的含量测定是利用反应:

$$2S_2O_3^{2-} + I_2(aq) \longrightarrow S_4O_6^{2-} + 2I^-(aq)$$

但亚硫酸盐也能与 I_2-KI 溶液反应:

$$SO_3^{2-} + I_2 + H_2O \longrightarrow SO_4^{2-} + 2I^- + 2H^+$$

所以用标准碘溶液测定 $Na_2S_2O_3$ 含量前,先要加甲醛使溶液中的 Na_2SO_3 与甲醛反应,生成加合物 $CH_2(Na_2SO_3)O$,此加合物还原能力很弱,不能还原 I_2-KI 溶液中的 I_2。

4.1.3 仪器和药品

仪器:圆底烧瓶(500mL);球形冷凝管;量筒;减压过滤装置;表面皿;烘箱;锥形瓶;滴定管(50mL);滴定台;移液管(25mL);蒸发皿;托盘天平;分析天平。

药品:Na_2SO_3(固);S(固);HAc-NaAc 缓冲溶液(含 HAc 0.1mol/L、NaAc 1mol/L);$AgNO_3$(0.1mol/L);I_2 标准溶液(0.05mol/L)(标准浓度见标签);淀粉溶液(0.5%);中性甲醛溶液(40%)(配制方法:40%甲醛水溶液中加入 2 滴酚酞;滴加 NaOH 溶液(2g/L)至刚呈微红色)。

4.1.4 实验内容

4.1.4.1 制备 $Na_2S_2O_3 \cdot 5H_2O$

在圆底烧瓶中加入 12g Na_2SO_3、60mL 蒸馏水、4g 硫磺,按图 4-1 安装好回流装置,加热煮沸悬浊液,回流 1h 后,趁热用减压过滤装置过滤。将滤液倒入蒸发皿,蒸发滤液至开始析出晶体。取下蒸发皿,冷却,待晶体完全析出后,减压过滤,并用吸水纸吸干晶体表面的水分。称量产品质量,并按 Na_2SO_3 用量计算产率。

4.1.4.2 产品的鉴定

A 定性鉴别

取少量产品加水溶解。取此水溶液数滴加入过量 $AgNO_3$ 溶液,观察沉淀的生成及其颜色变化。若颜色由白色→黄色→棕色→黑色,则证明有 $Na_2S_2O_3$。

B 定量鉴别

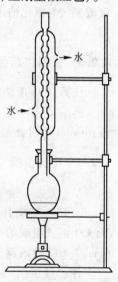

图 4-1 回流装置图

测定产品中 $Na_2S_2O_3$ 的含量,称取 1g 样品(精确至 0.1mg)于锥形瓶中,加入刚煮沸过并冷却的蒸馏水 20mL 使其完全溶解。加入 5mL 中性 40% 甲醛溶液,10mL HAc-NaAc 缓冲溶液(此时溶液的 pH≈6),用标准碘水溶液滴定,近终点时,加 1~2mL 淀粉溶液,继续滴定至溶液呈蓝色,30s 内不消失即为终点。

计算产品中 $Na_2S_2O_3 \cdot 5H_2O$ 的含量。

4.1.5 思考题

(1)$Na_2S_2O_3$ 在酸性溶液中能否稳定存在? 写出相应的反应方程式。

(2)适量和过量的 $Na_2S_2O_3$ 与 $AgNO_3$ 溶液作用有什么不同? 用反应方程式表示之。

(3)计算产率时为什么以 Na_2SO_3 用量而不以硫磺的用量计算?

(4)在定量测定产品中 $Na_2S_2O_3$ 的含量时,为什么要用刚煮沸过并冷却的蒸馏水溶解样品?

4.2 工业碳酸钠的制备与分析

4.2.1 实验目的

(1)学习利用盐类溶解度的差异,通过复分解反应制取化合物的方法;

(2)巩固天平称量、滴定等操作。

4.2.2 实验原理

碳酸钠又名苏打,工业上称为纯碱,用途广泛。工业上的联合制碱法是将二氧化碳和氨气通入氯化钠溶液中,先生成碳酸氢钠,再在高温下灼烧,转化为碳酸钠(干态 $NaHCO_3$,在 270℃的分解),反应式如下:

$$NH_3 + CO_2 + H_2O + NaCl \longrightarrow NaHCO_3 \downarrow + NH_4Cl$$

$$2NaHCO_3 \xrightarrow{\triangle} Na_2CO_3 + CO_2 + H_2O$$

在上述第一个反应中,实质上是碳酸氢铵与氯化钠在水溶液中的复分解反应,因此可直接用碳酸氢铵与氯化钠作用制取 $NaHCO_3$。

$$NH_4HCO_3 + NaCl \longrightarrow NaHCO_3 \downarrow + NH_4Cl$$

4.2.3 仪器和药品

仪器:150mL 烧杯一个;250mL 锥形瓶两个;抽滤机一台;蒸发皿;煤气灯;分析天平。

药品:固体 NH_4HCO_3;质量分数 24%的粗食盐水溶液;2mol/L NaOH 溶液;1mol/L Na_2CO_3 溶液;6mol/L HCl 溶液;盐酸标准溶液。

4.2.4 实验步骤

A 化盐与精制

向 150mL 烧杯中加 50mL 24% 的粗食盐水溶液。用 2mol/L NaOH 和等体积的 1mol/L Na_2CO_3溶液组成的混合溶液调至 pH 值为 11 左右,然后加热至沸,吸滤,分离沉淀。滤液用 6mol/L HCl 溶液调节 pH≈7。

注: "镁试剂"为对硝基偶氮间苯二酚,在酸性溶液中为黄色,在碱性溶液中呈红色或紫色,但被 $Mg(OH)_2$沉淀吸附后为天蓝色,故可依此检验 Mg^{2+}存在与否。

B 制取 $NaHCO_3$

将盛有滤液的烧杯放在水浴上加热,控制溶液温度在 30~35℃。在不断搅拌的情况下,分多次把 21g 研细的碳酸氢铵加入滤液中。然后,继续保温,搅拌 30min,使反应充分进行。静置,抽滤,得到 $NaHCO_3$晶体。用少量水洗涤两次(除去黏附的铵盐),再抽干,称量。母液回收。

C 制取 Na_2CO_3

将抽干的 $NaHCO_3$放在蒸发皿中,在煤气灯上灼烧 2h,即得 Na_2CO_3。冷却后,称量。

D 纯度检验

在分析天平上准确称取两份 0.25g 产品,分别加入两个 250mL 锥形瓶中,将每份产品用 100mL 蒸馏水配成溶液,然后加入 2 滴酚酞指示剂,用盐酸标准溶液滴定至溶液由红色变到近无色,记下所用盐酸的体积。该滴定中的滴定反应是:

$$Na_2CO_3 + HCl \longrightarrow NaCl + H_2O + CO_2 \uparrow$$

所以产品 Na_2CO_3质量分数 $w(Na_2CO_3)$按下式计算:

$$w(Na_2CO_3) = c(HCl)\, V(HCl) \frac{M(Na_2CO_3)}{m} \times 100\%$$

式中,$c(HCl)$和 $V(HCl)$分别为盐酸标准溶液的浓度和消耗的体积,单位分别为 mol/L 和 L;

$M(Na_2CO_3)$为Na_2CO_3的摩尔质量，g/mol；m为称取的产品质量，g。

4.2.5 思考题

(1)从$NaCl$，NH_4HCO_3，$NaHCO_3$，NH_4Cl等4种盐在不同温度下的溶解度考虑，为什么可用$NaCl$和NH_4HCO_3制取$NaHCO_3$？

(2)粗盐为何要精制？

(3)在制取$NaHCO_3$时，为何温度不能低于30℃？

4.3 无水四氯化锡的制备

4.3.1 实验目的

(1)通过无水四氯化锡的制备；了解非水体系制备方法；

(2)掌握氯气制备和净化。

4.3.2 实验原理

熔融的金属锡(熔点231℃)在300℃左右。能直接与氯作用生成无水四氯化锡：

$$Sn + 2Cl_2 \xrightarrow{573K} SnCl_4$$

纯$SnCl_4$是无色液体，但一般由于溶有Cl_2而呈黄绿色。它在空气中极易水解：

$$SnCl_4 + (x+2)H_2O \longrightarrow SnO_2 \cdot xH_2O \downarrow + 4HCl \uparrow$$

水解生成的HCl在空气中发烟。因此制备$SnCl_4$要控制在无水体系中进行，容器要干燥，与大气相通部分必须连接干燥装置。

4.3.3 仪器和药品

仪器：恒压漏斗一个；双颈烧瓶一个；双泡V形管四个；支口试管一个；产品接收管一个；冷阱；酒精灯一台。

药品：固体Sn；固体$KMnO_4$；浓HCl；饱和$NaOH$溶液；浓H_2SO_4。

4.3.4 实验步骤

(1)将干燥好的各部分仪器按图4-2连接好，检查其严密性，在二颈瓶中装入$3gKMnO_4$固体，恒压漏斗中放入5mL浓HCl溶液，支口管的一端装入0.5g锡粒，使氯气导管几乎接触到金属锡。

(2)让浓HCl溶液慢慢滴入$KMnO_4$中，均匀地产生氯气并充满整套装置以排除装置中的空气和少量水汽。然后加热锡粒，使其熔化，熔融的锡与氯气反应而燃烧。逐滴加入浓HCl溶液，控制氯气的流速，气流不能太大。生成的$SnCl_4$蒸气经冷却后储存于接收管内。没有反应的Cl_2气由尾端的$NaOH$溶液吸收。

(3)待锡粒反应完毕，停止加热，取下接收管，迅速盖好塞子，称重并计算产率。同时停止滴加浓HCl溶液，剩余的少量Cl_2气用$NaOH$溶液吸收。

4.3.5 思考题

(1)制备易水解物质的方法有何特点？

(2)制备$SnCl_4$时，反应前若不排尽装置中的空气和水，对反应有什么影响？

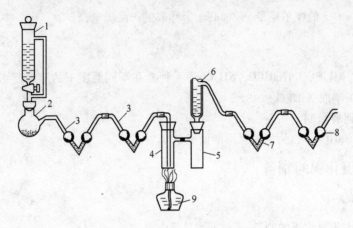

图 4-2　制备 SnCl₄ 装置示意图

1—恒压漏斗(内装浓 HCl);2—二颈烧瓶(内装 KMnO₄ 固体);

3—双泡 V 形管(内装浓 H₂SO₄);4—支口试管(内装 Sn 粒);

5—产品接收管;6—冷肼(内装冷水);7—双泡 V 形管(内装浓 H₂SO₄);

8—双泡 V 形管(内装饱和 NaOH 溶液);9—加热灯

4.4　高锰酸钾的制备

4.4.1　实验目的

(1)了解碱溶法分解矿石的原理和操作方法;

(2)掌握锰的各种价态之间的转化关系。

4.4.2　实验原理

MnO_2 与碱混合并在空气中共熔,便可制得墨绿色的高锰酸钾熔体:

$$2MnO_2 + 4KOH + O_2 \longrightarrow 2K_2MnO_4 + 2H_2O$$

本实验是以 $KClO_3$ 作氧化剂,其反应式为:

$$3MnO_2 + 6KOH + KClO_3 \longrightarrow 3K_2MnO_4 + KCl + 3H_2O$$

锰酸钾溶于水并可在水溶液中发生歧化反应,生成高锰酸钾:

$$3MnO_4^{2-} + 2H_2O \longrightarrow MnO_2 + 2MnO_4^- + 4OH^-$$

从上式可知,为了使歧化反应顺利进行,必须随时中和掉所生成的 OH^-。常用的方法是通入 CO_2:

$$3MnO_4^{2-} + 2CO_2 \longrightarrow 2MnO_4^- + MnO_2 + 2CO_3^{2-}$$

但是这个方法在最理想的条件下,也只能使 K_2MnO_4 的转化率达 66%,尚有三分之一又变回为 MnO_2。

4.4.3　仪器和药品

仪器:60mL 铁坩埚一个;搅拌用铁棒一根;酒精喷灯一台;研钵;250mL 烧杯;玻璃砂漏斗;抽滤机一台;蒸发皿;表面皿;烘箱一台。

药品:固体 $KClO_3$;固体 KOH;固体 MnO_2;去离子水;气体 CO_2。

4.4.4 实验步骤

4.4.4.1 锰酸钾溶液的制备

将3g固体氯酸钾和7g固体氢氧化钾放于60mL铁坩埚中,混合均匀,小心加热。待混合物熔融后,一边用铁棒搅拌,一边把4g二氧化锰粉末慢慢分多次加进去。以后熔融物的黏度逐渐增大,这时应大力搅拌,以防结块。待反应物干涸后,提高温度,强热5min(此时仍要适当翻动)。

待熔融物冷却后,从坩埚中取出,在研钵中研细后连同铁坩埚都放入250mL烧杯中,然后加入约100mL去离子水浸取,浸取过程中不断搅拌,并加热以加速其溶解,用坩埚钳取出坩埚。将浸取液进行减压过滤,得锰酸钾溶液。

4.4.4.2 锰酸钾转化为高锰酸钾

将上述4.4.4.1所得墨绿色溶液趁热通入二氧化碳,直至全部锰酸钾转化为高锰酸钾和二氧化锰为止(可用玻璃棒蘸一些溶液,滴在滤纸上,如果只显紫色而无绿色痕迹,即可认为转化完毕)。然后用玻璃砂漏斗抽滤,弃去二氧化锰残渣。溶液转入瓷蒸发皿中,浓缩至表面析出高锰酸钾晶体,冷却,抽滤至干。晶体放在表面皿上,放入烘箱(温度80℃)烘干。即可制的高锰酸钾。

4.4.5 思考题

(1)制备锰酸钾时用铁坩埚,为什么不用瓷坩埚?

(2)吸滤高锰酸钾溶液时,为什么用玻璃砂漏斗?

(3)进行产品重结晶时,需加多少水溶解产品?

(4)实验中用过的容器,常有棕色垢,是何物质?如何清洗?

(5)实验室备有下列药品:基准物质草酸($H_2C_2O_4$)、硫酸。应当如何设计实验确定所制备的高锰酸钾的质量分数。

4.5 硫酸亚铁铵的制备与限量分析

4.5.1 实验目的

(1)制备复盐硫酸亚铁铵;

(2)熟悉无机制备的基本操作;

(3)学习检验产品中的杂质。

4.5.2 实验原理

铁屑溶于稀 H_2SO_4 生成 $FeSO_4$:

$$Fe + H_2SO_4 \longrightarrow FeSO_4 + H_2 \uparrow$$

等物质的量的 $FeSO_4$ 与 $(NH_4)_2SO_4$ 生成溶解度较小的复盐硫酸亚铁铵 $(NH_4)_2SO_4 \cdot FeSO_4 \cdot 6H_2O$,通常称为摩尔盐,它比一般的亚铁盐稳定,在空气中不易被氧化。

4.5.3 仪器和药品

仪器:50mL锥形瓶两个;漏斗一支;蒸发皿;表面皿;25mL比色管一支。

药品:固体铁屑;固体$(NH_4)_2SO_4$;$3mol \cdot L^{-1} H_2SO_4$;质量分数10% Na_2CO_3溶液;质量分数25% KSCN溶液;$3mol \cdot L^{-1}$ HCl溶液;去离子水。

4.5.4 实验步骤

4.5.4.1 硫酸亚铁的制备

称取 2g 铁屑,放于锥形瓶内,加 20mL 10% Na_2CO_3 溶液小火加热 10min,以除去铁屑上的油污,用倾析法倒掉碱液,并用水把铁屑洗净,把水倒掉。往盛着铁屑的锥形瓶中加入 15mL 3 mol·L^{-1} H_2SO_4 溶液,放在水浴上加热(在通风橱中进行),等铁屑与 H_2SO_4 充分反应后,趁热用减压过滤分离溶液和残渣。滤液转移到蒸发皿内。将留在锥形瓶内和滤纸上的残渣(铁屑)洗净,收集在一起用滤纸吸干后称量。由已作用的铁屑质量算出溶液中 $FeSO_4$ 的量。

4.5.4.2 硫酸亚铁铵的制备

根据溶液中 $FeSO_4$ 的量,按 $FeSO_4$:$(NH_4)_2SO_4$ =1:0.75 的比例(质量比),称取 $(NH_4)_2SO_4$ 固体,把它配成饱和溶液加到 $FeSO_4$ 溶液中。然后在水浴上浓缩溶液,放置,让溶液自然冷却,即得到硫酸亚铁铵晶体。用倾析法除去母液,把晶体放在表面皿上晾干,称重,计算产率。

4.5.4.3 Fe^{3+} 限量分析

称取 1g 硫酸亚铁铵晶体,加到 25mL 比色管中,用 15mL 去离子水溶解,再加入 2mL 3mol/L HCl 溶液和 1mL 25% KSCN 溶液,最后用去离子水将溶液稀释到 25mL,摇匀。与标准溶液(由实验室给出)进行目视比色,确定产品等级。

此产品分析方法是将成品配成溶液与各标准溶液进行比色,以确定杂质含量范围。如果成品溶液的颜色不深于标准溶液,则认为杂质含量低于某一规定限度,所以这种分析方法称为限量分析。

4.5.5 思考题

(1)本实验的反应过程中是铁过量还是 H_2SO_4 过量?为什么要这样操作?

(2)计算硫酸亚铁铵的产率时,以 $FeSO_4$ 的量为准是否正确?为什么?

(3)浓缩硫酸亚铁铵溶液时,能否浓缩至干?为什么?

4.6 由铬铁矿制备重铬酸钾和产品分析

4.6.1 实验目的

(1)了解制备原理,掌握有关铬的化合物性质;

(2)练习和巩固熔融、浸取、结晶、重结晶等操作。

4.6.2 实验原理

铬铁矿的主要成分为 $FeO·Cr_2O_3$。一般铬铁矿含 Cr_2O_3 约 40%,除杂质铁外,还含有硅、铝等杂质。由铬铁矿制备重铬酸钾的方法:首先在碱性介质中,将铬氧化为 6 价铬酸盐:

$$2FeO·Cr_2O_3 +4Na_2CO_3 +7NaNO_3 \longrightarrow 4Na_2CrO_4 +Fe_2O_3 +4CO_2 +7NaNO_2$$

Na_2CO_3 为熔剂,$NaNO_3$ 为氧化剂,与铬铁矿混合后加热熔融得到铬酸盐。用水浸取熔融物时,大部分铁以 $Fe(OH)_3$ 形式留于残渣中。可过滤除去,将滤液调节至 pH =7 ~8,氢氧化铝和硅酸等析出。过滤除去沉淀,再将滤液酸化,可得重铬酸盐:

$$2CrO_4^{2-} +2H^+ \rightleftharpoons Cr_2O_7^{2-} +H_2O$$

因滤液中有 $NaNO_2$,酸化时酸性太强,它将 6 价铬还原为 3 价铬,可用醋酸酸化,pH 值保持约为 5 左右。

然后利用下面的复分解反应,可得重铬酸钾:

$$Na_2Cr_2O_7 + 2KCl \longrightarrow K_2Cr_2O_7 + 2NaCl$$

温度对氯化钠的溶解度影响很小,但对重铬酸钾的溶解度影响较大,所以,将溶液浓缩后,冷却,即有大量重铬酸钾结晶析出,氯化钠仍留在溶液中。

4.6.3　仪器和药品

仪器:铁坩埚一台;酒精灯一台;250mL 烧杯一个;蒸发皿;漏斗;抽滤机一台;250mL 容量瓶;移液管;250mL 碘量瓶;滴定仪器一套。

药品:固体铬铁矿粉;固体 $NaNO_3$;固体 NaOH;固体 Na_2CO_3;冰醋酸;固体 KCl;固体 KI;2mol/L H_2SO_4;去离子水;0.1mol/L $Na_2S_2O_3$;淀粉指示剂。

4.6.4　实验步骤

4.6.4.1　氧化

称取6g 铬铁矿粉与4g 硝酸钠混合均匀备用。另称取4.5g 氢氧化钠及4.5g 碳酸钠置于铁坩埚中,混匀后用小火加热直至熔融,然后将矿粉分几次加入,并不断搅拌,矿粉加完后,大火灼烧30min,使其自然冷却。

4.6.4.2　浸取

冷却后的熔融物不易取出,可采取下述方法:加少量水于坩埚中,小火加热至沸,然后将溶液倒入烧杯内,再加水,加热,如此反复2~3次,即可全部取出熔块。将烧杯中的溶液及熔块加热煮沸15min,并不断搅拌以加速溶解。稍冷后抽滤,滤渣约用 10mL 水洗涤(滤液控制在 40mL 左右)。

4.6.4.3　中和除铝

用冰醋酸(约4~5mL)调节滤液pH 值为7~8,此时 Al(OH)$_3$ 沉淀。加热后过滤,沉淀弃去,滤液转入蒸发皿中,再加冰醋酸调节溶液 pH≈5(为什么要再次加冰醋酸?)。

4.6.4.4　复分解和结晶

将上述4.6.4.3得到的重铬酸钠溶液加入2.5g 氯化钾,置于水浴上加热,将溶液蒸发至表面有少量晶体析出时,再调节溶液的 pH 值约为5,冷至 15~20℃,即有 $K_2Cr_2O_7$晶体析出。抽滤,用滤纸吸干晶体,称出产品质量。

4.6.4.5　重结晶

将制得的重铬酸钾溶于去离子水中(加水量约1g 重铬酸钾加 1.5mL 水),加热使其溶解,趁热过滤(若无不溶杂质,可免去过滤)。冷却以使其结晶。抽滤,晶体用少量去离子水洗涤一次,在 40~50℃烘干产品,称量并计算产率。

4.6.4.6　产品含量测定

准确称取试样2.5g 溶于250mL 容量瓶中,用移液管吸取 25mL 放入 250mL 容量瓶中,加入 10mL 2mol/LH_2SO_4和2g 碘化钾,放于暗处 5min,然后加入 100mL 水,用 0.1mol/L$Na_2S_2O_3$标准溶液滴定至溶液变成黄绿色,然后加入淀粉指示剂 3mL,再继续滴定至蓝色褪去并呈亮绿色为止。由 $Na_2S_2O_3$标准溶液的浓度和用量计算出产品含量 $w(K_2Cr_2O_7)$。

4.6.5　思考题

(1)铬酸钠溶液酸化时,为什么不能用强酸而用醋酸?

(2)什么是熔融、浸取?

（3）中和除铝,为何调节 pH =7 ~8,pH 值过高或过低有什么影响?

（4）淀粉指示剂为何要在接近终点时加入?

4.7　离子交换法测定硫酸钙的溶度积

4.7.1　实验目的

（1）了解用离子交换法测定难溶电解质的溶解度和溶度积的原理和方法;

（2）了解离子交换树脂的一般使用方法;

（3）进一步练习酸碱滴定的操作。

4.7.2　实验原理

常用的离子交换树脂是人工合成的固态、球状高分子聚合物,含有活性基团,并能与其他物质的离子进行选择性的离子交换反应。含有酸性基团而能与其他物质交换阳离子的称为阳离子交换树脂。含有碱性基团而能与其他物质交换阴离子的称为阴离子交换树脂。本实验用强酸型阳离子交换树脂(用 RSO_3H 表示)交换硫酸钙饱和溶液中的 Ca^{2+}。其交换反应为:

$$2R-SO_3H + Ca^{2+} \Longleftrightarrow (R-SO_3)_2Ca + 2H^+$$

由于 $CaSO_4$ 是微溶盐,其溶解部分除 Ca^{2+} 和 SO_4^{2-} 外,还有离子对形式的 $Ca^{2+}SO_4^{2-}$ 存在于水溶液中,饱和溶液中存在着离子对和简单离子间的平衡:

$$Ca^{2+}SO_4^{2-}(aq) \Longleftrightarrow Ca^{2+}(aq) + SO_4^{2-}(aq) \tag{4-1}$$

当溶液流经交换树脂时,由于 Ca^{2+} 被交换,平衡向右移动,$Ca^{2+}SO_4^{2-}$ 离解,结果全部的钙离子被交换为 H^+,因此流出液应是硫酸溶液。用已知浓度的氢氧化钠溶液滴定全部酸性流出液,即可求得流出液的 $c(H^+)$,从而可计算出 $CaSO_4$ 的摩尔溶解度 s(用 mol/L 表示):

$$s = c'(Ca^{2+}) + c'(Ca^{2+}SO_4^{2-}) = \frac{c'(H^+)}{2} \tag{4-2}$$

从溶解度计算 $CaSO_4$ 溶度积 $K_{sp}^{\ominus}$ 的方法如下:

设饱和 $CaSO_4$ 溶液中　　　　　$c(Ca^{2+}) = c$

则　　　　　　　　　　　　　　$c(SO_4^{2-}) = c$

由式(4-2)　　　　　　　　　$c(Ca^{2+}SO_4^{2-}) = s - c$

从式(4-1)可写出　　　　　$K_d^{\ominus} = \dfrac{c'(Ca^{2+}) \cdot c'(SO_4^{2-})}{c'(Ca^{2+}SO_4^{2-})}$

$K_d^{\ominus}$ 称为离子对离解常数。对 $CaSO_4$ 来说,25℃ 时:

$$K_d^{\ominus} = 5.2 \times 10^{-3}$$

因此　　　　$\dfrac{c'(Ca^{2+}) \cdot c'(SO_4^{2-})}{c'(Ca^{2+}SO_4^{2-})} = \dfrac{c'^2}{s - c'} = 5.2 \times 10^{-3}$

$$c'^2 + 5.2 \times 10^{-3} c' - 5.2 \times 10^{-3} s = 0$$

$$c' = \frac{-5.2 \times 10^{-3} \pm \sqrt{2.7 \times 10^{-5} + 2.08 \times 10^{-2} s}}{2} \tag{4-3}$$

按溶度积定义即可计算出 $K_{sp}^{\ominus}$:

$$K_{sp}^{\ominus} = c'(Ca^{2+}) \cdot c'(SO_4^{2-}) = c'^2 \tag{4-4}$$

4.7.3　仪器和药品

仪器:25mL 移液管;离子交换柱(见图 4-3 所示)一根;吸耳球;碱式滴定管一支;250mL 锥形

瓶;100mL 量筒。

药品:新过滤的 $CaSO_4$ 饱和溶液;强酸型阳离子交换树脂(732 型);标准氢氧化钠溶液($0.05mol \cdot L^{-1}$);溴百里酚蓝(0.01%);pH 试纸。

4.7.4 实验步骤

4.7.4.1 洗涤

调节交换柱下端的螺丝夹,使溶液以每分钟约 50 滴的速度通过交换柱,待柱中溶液液面降低至略高于树脂时,分批加入约 50 毫升去离子水洗涤树脂,直到流出液呈中性(用 pH 试纸检验)。此流出液全部弃去。

注:在使用交换树脂时,都应使之常处于湿润状态。为此,在任何情况下交换树脂上方都应保持有足够的溶液或去离子水。

4.7.4.2 交换和洗涤

用移液管准确量取 25.00mL $CaSO_4$ 饱和溶液,注入交换柱内。流出液用 250mL 锥形瓶承接,流出液的流出速度控制在每分钟 40～50 滴,不宜太快。待柱内 $CaSO_4$ 饱和溶液的液面降低至略高于树脂时,分 4 次加入总共约 80mL(用量筒量取)去离子水洗涤树脂,直到流出液呈中性(用 pH 试纸检验)。全部的流出液用同一锥形瓶承接。在整个交换和洗涤过程中应注意勿使流出液损失。

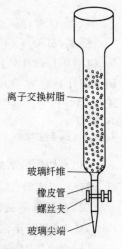

离子交换树脂

玻璃纤维
橡皮管
螺丝夹
玻璃尖端

图 4-3 交换柱示意图

4.7.4.3 滴定

往装有全部流出液的锥形瓶中加入 2～3 滴溴百里酚蓝指示剂,用标准氢氧化钠溶液滴定至终点(溶液由黄色变为鲜明的蓝色,且半分钟内不褪色,此时溶液的 pH =6.2～7.6)。

记录实验时的温度,并根据所用标准氢氧化钠溶液的浓度和体积,计算该温度下 $CaSO_4$ 的溶解度(s)和溶度积($K_{sp}^{\ominus}$)。

4.7.4.4 再生

注一定浓度的盐酸于交换柱中液面高于树脂。

4.7.5 思考题

(1)如何根据实验结果计算溶解度和溶度积?

(2)操作过程中,为什么要控制液体的流速不宜太快?

(3)$CaSO_4$ 饱和溶液通过交换柱时,为什么要用去离子水洗涤至溶液呈中性,且不允许流出液有所损失?

附注:

(1)$CaSO_4$ 溶解度的文献值(见表 4-1)。

表 4-1 $CaSO_4$ 溶解度的文献值

温度/℃	0	10	20	30
溶解度/mol·L^{-1}	1.29×10^{-2}	1.43×10^{-2}	1.50×10^{-2}	1.54×10^{-2}

(2)$CaSO_4$ 饱和溶液的制备。

过量 $CaSO_4$(分析纯)加到蒸馏水中,加热到 80℃,搅拌,冷却至室温。实验前过滤。

4.8　物质鉴别及混合离子的分离鉴定

4.8.1　实验目的

(1)学习设计实验的方法；

(2)验证 Mn^{2+} 的还原性和 MnO_2、$KMnO_4$ 的氧化性；

(3)掌握鉴别碳酸盐和氢氧化物的方法；

(4)掌握离子分离方案的设计以及分离、鉴定的方法。

4.8.2　仪器和药品

仪器：试管；离心试管；离心机。

药品：MnO_2(s)；HCl(浓)；$KMnO_4$(0.01mol/L)；$MnSO_4$(0.1mol/L)；$FeCl_3$(0.1mol/L)；Na_2CO_3(0.1mol/L)；HCl(1mol/L)；H_2SO_4(2mol/L)；HNO_3(6mol/L)；HAc(2mol/L)；NaOH(2mol/L；6mol/L)；氨水(6mol/L；2mol/L)；$Pb(NO_3)_2$(0.1mol/L)；KSCN(0.1mol/L；s)；$NaBiO_3$(s)；H_2O_2(3%)；二乙酰二肟(1%酒精溶液)；铝试剂；KI 淀粉试纸；红色石蕊试纸。

4.8.3　实验步骤

(1)利用所给试剂：MnO_2(s)、HCl(浓)、$KMnO_4$(0.01mol/L)、$MnSO_4$(0.1mol/L)、KI 淀粉试纸，设计一组实验，证明 Mn^{2+} 的还原性和 MnO_2，$KMnO_4$ 的氧化性。写出反应方程式。

(2)利用给定试剂：$FeCl_3$(0.1mol/L)，Na_2CO_3(0.1mol/L)，HCl(1mol/L)，通过实验证明，$FeCl_3$(0.1mol/L)溶液中加入 Na_2CO_3 溶液生成的沉淀是 $Fe_2(CO_3)_3$ 还是 $Fe(OH)_3$？

(3)混合液 ①，可能含有 Al^{3+}、Mn^{2+}、Fe^{3+}、Ni^{2+} 离子，试设计一分离和鉴定各离子的方案(用分离图表示)，并用实验验证之。

(4)混合液 ②，可能含有 Cr^{3+}、NH_4^+、Mn^{2+}、Ba^{2+} 离子，试设计一分离和鉴定各离子的方案(用分离图表示)，并用实验验证之。

4.8.4　思考题

(1)怎样验证 Mn^{2+} 的还原性和 MnO_2、$KMnO_4$ 的氧化性？

(2)怎样鉴别 $FeCl_3$ 与 Na_2CO_3 溶液生成的沉淀是 $Fe_2(CO_3)_3$ 还是 $Fe(OH)_3$？

(3)怎样分离和鉴定混合离子：Al^{3+}、Mn^{2+}、Fe^{3+}、Ni^{2+}？

(4)怎样分离和鉴定混合离子：Cr^{3+}、NH_4^+、Mn^{2+}、Ba^{2+}？

4.9　牛乳中掺淀粉和掺盐的测定

4.9.1　实验目的

(1)掌握牛乳掺淀粉及掺盐的测定原理及方法；

(2)通过对牛乳掺水和掺淀粉的检验激发学生对无机化学的学习兴趣。

4.9.2　实验原理

4.9.2.1　掺淀粉的检验

一切人为地改变牛乳的成分和性质，均称为掺假。掺假既有碍牛乳的卫生，又降低牛乳的营养价值,有时还会影响牛乳的加工及乳制品的质量。所以,生产单位和卫生检验部门对原料乳的质量应严格把关。在收奶时或进行乳品加工前,应对牛乳进行掺假与作伪的检验。

掺水的牛乳,乳汁变得稀薄,比重降低。向牛乳中掺淀粉可使乳变稠,比重接近正常。对有沉渣物的牛乳,应进行掺淀粉检验。

4.9.2.2　掺盐的检验

向牛乳中掺盐,可以提高牛乳的比重,口尝有咸味的牛乳有掺盐的可能,须进行掺盐检验。

4.9.3　仪器和药品

4.9.3.1　掺淀粉的检验

仪器:20mL 试管 2 支;5mL 吸管 1 支。

药品:碘溶液。取碘化钾 4g 溶于少量蒸馏水中,然后用此溶液溶解结晶碘 2g。待结晶碘完全溶解后,移入 100mL 容量瓶中,加水至刻度即可。

乳样:掺淀粉乳样和正常乳样各 1~2 个。

4.9.3.2　掺盐的检验

仪器:20mL 试管 2 支;1 mL 吸管 1 支;5mL 吸管 1 支。

药品:0.1mol/L 硝酸银溶液;10% 铬酸钾水溶液。

乳样:掺盐乳样和正常乳样各 1~2 个。

4.9.4　实验步骤

4.9.4.1　掺淀粉的检验

取乳样 5mL 注入试管中,稍稍煮沸,待冷却后加入碘溶液 2~3 滴。乳中有淀粉时,即出现蓝色、蓝紫色或暗红色及其沉淀物。

4.9.4.2　掺盐的检验

取乳样 10mL 于试管中,滴入 10% 铬酸钾 2~3 滴后,再加入 0.1mol/L 硝酸银 5mL(羊乳需7mL)摇匀,观察溶液颜色。如出现黄色,则表明掺有食盐,且说明乳中氯化物已超过了 0.14%(因全部银已被沉淀成氯化银)。若呈橙色,则表明未掺食盐。一般氯化物正常含量为0.09% ~0.14%。

4.9.5　思考题

(1)牛乳掺淀粉检验的原理是什么,日常生活中哪些地方会遇到碘?

(2)牛乳掺盐检验的原理是什么? 写出反应方程式。

4.10　Fe^{3+}与磺基水杨酸配合物的组成和稳定常数的测定

4.10.1　实验目的

(1)了解用比色法测定配合物的组成和稳定常数的原理和方法;

(2)学习分光光度计的使用方法;

(3)学习用计算机处理有关实验数据的方法。

4.10.2　实验原理

当一束波长一定的单色光通过盛在比色皿中的有色溶液时,有一部分光被有色溶液吸收,一部分透过。设 c 为有色溶液浓度,l 为有色溶液(比色皿)厚度,则吸光度(也称消光度)A 与有色

溶液的浓度 c 和溶液的厚度 l 的乘积成正比。这称为朗珀－比尔定律，其数学表达式为：

$$A = k \cdot c \cdot l$$

式中，k 为比例系数，称为吸光系数，其数值与入射光的波长、溶液的性质及温度有关。

若入射光的波长、温度和比色皿均一定（l 不变）。则吸光度 A 只与有色溶液浓度 c 成正比。

设中心离子 M 和配位体 L 在给定条件下反应，只生成一种有色配离子或配合物 ML_n（略去配离子电荷数），即：

$$M + nL \Longrightarrow ML_n$$

若 M 与 L 都是无色的，则此溶液的吸光度 A 与该有色配离子或配合物的浓度成正比。据此可用浓比递变法（或称摩尔系列法）测定该配离子或配合物的组成和稳定常数，具体方法如下：

配制一系列含有中心离子 M 与配位体 L 的溶液，M 与 L 的总摩尔数相等，但各自的摩尔分数连续改变。例如，L 的摩尔分数依次为 0.00、0.10、0.20、0.30、…0.90、1.0。在一定波长的单色光中分别测定这系列溶液的吸光度 A，有色配离子或配合物的浓度越大，溶液颜色越深，其吸光度越大，当 M 和 L 恰好全部形成配离子或配合物时（不考虑配离子的离解），ML_n 的浓度最大，吸光度也最大，若以吸光度 A 为纵坐标，以配位体的摩尔分数为横坐标作图，可以求得最大的吸光度处（见图4-4）。

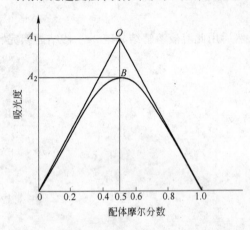

图 4-4　配体摩尔数和吸光度的关系图

例如，从图 4-4 可以看出，延长曲线两边的直线部分，相交于 O 点，O 点即为最大吸收处，对应配位体的摩尔分数为 0.5，则中心离子的摩尔分数为：$1-0.5=0.5$。所以

$$\frac{配位体摩尔数}{中心离子摩尔数} = \frac{配位体摩尔分数}{中心离子摩尔分数} = \frac{0.5}{0.5} = 1$$

由此可知，该配离子或配合物的组成为 ML 型。

配离子的稳定常数可根据图 4-4 求得。从图 4-4 还可以看出，对于 ML 型配离子或配合物，若它全部以 ML 形式存在，则其最大吸光度在 O 处，对应的吸光度为 A_1，但由于配合物有一部分离解，其浓度要稍小一些，实际测得的最大吸光度在 B 处，相应的吸光度为 A_2。此时配合物或配离子的离解度为：

$$\alpha = \frac{A_1 - A_2}{A_1}$$

配离子或配合物 ML 的稳定常数与离解度的关系如下：

$$ML \Longrightarrow M + L$$

起始相对浓度/mol · L^{-1}　　　　　　c'　　　　0　　0

平衡相对浓度/mol · L^{-1}　　　　$c' - c'\alpha$　　$c'\alpha$　$c'\alpha$

$$K_{稳}^{\ominus} = \frac{c'(ML)}{c'(M)c'(L)} = \frac{1-\alpha}{c'\alpha^2}$$

式中，c' 表示 O 点对应的中心离子的摩尔浓度（$c'(Fe^{3+}) = 2.50 \times 10^{-4} mol \cdot L^{-1}$）。磺基水杨酸与 Fe^{3+} 离子形成的螯合物的组成因 pH 值不同而不同，pH $= 2 \sim 3$ 时，生成紫红色的螯合物（有一个配位体），反应可表示如下：

$$Fe^{3} + HO_3S \text{—}\bigcirc\text{—} OH \Longrightarrow HO_3S\text{—}\bigcirc\text{—} \begin{matrix} O \\ | \\ O\text{=}C\text{—}O \end{matrix} Fe^{3+} + 2H^+$$

pH 值为 4~9 时,生成红色的螯合物(有两个配位体),pH 值为 9~11.5 时,生成黄色螯合物(有三个配位体),pH 值大于 12 时,有色螯合物将被破坏而生成 Fe(OH)$_3$ 沉淀。

本实验是用 HClO$_4$ 溶液做介质,pH 值小于 2.5 的条件下进行测定的。

4.10.3 仪器和药品

仪器:50mL 烧杯 11 只;600mL 烧杯 1 只;722 型分光光度计;10mL 移液管 5 只;吸耳球;玻璃棒。

药品:0.0100mol/L HClO$_4$ 溶液(将 4.4mL 70% HClO$_4$ 加入 50mL 水中;稀释到 5000mL);0.00100mol/L Fe^{3+}标准溶液(将分析纯硫酸高铁铵(Fe(NH$_4$)(SO$_4$)·12H$_2$O)晶体溶于 0.0100mol/L HClO$_4$ 中制备而成);0.00100mol/L 磺基水杨酸标准溶液(将分析纯磺基水杨酸溶于 0.0100mol/L HClO$_4$ 溶液中制备而成)。

4.10.4 实验内容

4.10.4.1 系列溶液的配制

用三只 10mL 刻度移液管按表 4-2 的数量,分别移取 0.0100mol/L HClO$_4$ 溶液,0.00100mol/L Fe^{3+}溶液,0.00100mol/L 磺基水杨酸标准溶液注入已编号的干燥的 50mL 小烧杯中,摇匀各溶液。

表 4-2 系列溶液的配制表

溶液编号	0.0100mol/L HClO$_4$ 溶液体积/ mL	0.00100mol/L Fe^{3+} 标准溶液体积/ mL	0.00100mol/L 磺基 水杨酸体积/ mL
[1]	10.0	10.0	0.0
[2]	10.0	9.0	1.0
[3]	10.0	8.0	2.0
[4]	10.0	7.0	3.0
[5]	10.0	6.0	4.0
[6]	10.0	5.0	5.0
[7]	10.0	4.0	6.0
[8]	10.0	3.0	7.0
[9]	10.0	2.0	8.0
[10]	10.0	1.0	9.0
[11]	10.0	0.0	10.0

4.10.4.2 浓比递变法测定配离子或配合物的吸光度

(1)接通分光光度计电源,并调整好仪器,选定波长为 500nm。

(2)取 4 只 1cm 的比色皿,往一只中加入蒸馏水(用做参比溶液,放在比色皿框中第一个格内),其余 3 只分别加入上面配制的[1]、[2]和[3]号溶液至 2/3 处,测定各溶液吸光度,并记录(每次测定,须等数字稳定 30s;并且注意核对记录数据)。

（3）保留装蒸馏水的比色皿,供校零点使用,其余 3 只分别换入编号为［4］、［5］和［6］号溶液,直至测完所有编号溶液。

4.10.4.3　用 Excel 电子表格处理实验数据

利用 Excel 电子表格绘制出配位体摩尔分数与所测吸光度 A 关系图,并根据关系图中得到有关数据计算出配合物或配离子的组成和稳定常数。

注:Excel 电子表格启动顺序:

Excel 电子表格启动前,计算机主机必须装有 Excel 工具软件。启动顺序依次为:

开始→程序→Microsoft Excel(或开始→新建 Excel 文档→空工作簿)

通过上述几步可调出 Excel 电子表格,然后将实验数据"中心离子的摩尔分数"依次输入 A 列,对应的"吸光度 A"依次输入 B 列,选中这两列数据(用鼠标抹黑),用鼠标点击工具栏中图表向导(或通过菜单栏中"插入→图表"),选择散点图,按提示即可得到所需图形。

4.10.5　思考题

（1）本实验测定配合物或配离子组成及稳定常数的原理如何? 能否用 $0.0100\text{mol/L Fe}^{3+}$ 代替 $0.00100\text{mol/L Fe}^{3+}$ 进行测定? 为什么?

（2）浓比递变法的测定原理如何? 如何用作图法计算出配合物或配离子组成及稳定常数?

（3）移液管在使用时,应注意哪些问题?

（4）比色皿在使用时,应注意哪些问题?

附 4 – 1:722 – 2000 型分光光度计按键组成及操作步骤

1. 按键组成(见图 4-5)

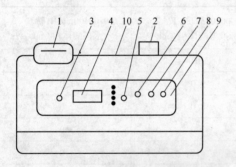

图 4-5　722 – 2000 型分光光度计按键组成图
1—样品室;2—波长控制键;3—电源开/关指示器;
4—液晶数字显示;5—方式选择键;6—"100"控制键;
7—"0"控制键;8—打印键;9—浓度/系数键;
10—波长读数窗

2. 操作步骤

（1）接通电源,预热仪器 15min。

（2）通过波长控制键选择分析波长。

（3）通过按"方式"选择键,选择测定模式(吸光度、透光率、浓度等)。

（4）根据测试方式,选择合适的比色皿(**注意**:空白、标准样品必须使用相同厚度的比色皿)。

（5）把水和其他配制溶液分别装入相应的比色皿中,并按浓度由小到大依次摆放在样品室的比色皿架上。

（6）关闭样品室,通过"100"键,设置空白,直至显示 100.0% 或 0.000A。

（7）拉动控制杆(需听到清脆的"咔"声),通过液晶数字显示,分别读出各待测液的吸光度或其他。

（8）重复（5）、（6）、（7）操作,直至测定结束。

3. 比色皿使用注意事项

比色皿包括两个光面(光线通过),两个毛面,手只能接触毛面。比色皿需用蒸馏水和待测液洗涤数次,比色皿装入液不应低于比色皿高度的 2/3。

4.11　邻菲啰啉分光光度法测定铁的含量

4.11.1　实验目的

(1)熟悉邻菲啰啉分光光度法测定铁含量的原理和方法；

(2)掌握分光光度计的使用方法。

4.11.2　实验原理

根据朗伯-比尔定律,当单色光通过一定厚度(l)的有色物质溶液时,有色物质对光的吸收程度(用吸光度 A 表示)与有色物质的浓度(c)成正比。

$$A = k \cdot c \cdot l$$

式中,k 为吸光系数,是各种有色物质在一定波长下的特征常数。在分光光度法中,当条件一定时,k、l 均为常数,上式可写成:

$$A = K \cdot c$$

因此,一定条件下只要测出各不同浓度的吸光度值,以浓度为横坐标,吸光度为纵坐标即可绘制标准曲线。

在同样条件下,测定待测溶液的吸光度,然后从标准曲线查出其浓度。

邻菲啰啉(邻二氮杂菲)是目前分光光度法测定铁含量的较好试剂。在 pH $=2\sim9$ 的溶液中试剂与 Fe^{2+} 生成稳定的红色配合物。该反应中铁必须是亚铁状态,因此,在显色前要加入还原剂,如盐酸羟胺。反应如下:

$$2Fe^{3+} + 2NH_2OH + 2OH^- \longrightarrow 2Fe^{2+} + N_2 + 4H_2O$$

红色配合物的最大吸收波长(λ_{max})为 508nm。

4.11.3　仪器与药品

仪器:722 型分光光度计;容量瓶(50mL);刻度吸量管。

药品:邻菲啰啉(8mmol/L,新配制);盐酸羟胺(1.5mol/L,新配制);NaAc(1mol/L);标准铁溶液(2.000mol/L):准确称取 0.7842 克 $(NH_4)_2Fe(SO_4)_2 \cdot 6H_2O$ 置于烧杯中,加入 120mL 6mol/L HCl 和少量蒸馏水,溶解后转入 1000mL 容量瓶中,加蒸馏水稀释至刻度,摇匀备用。

4.11.4　操作步骤

4.11.4.1　标准溶液和待测溶液的配制

取 50mL 容量瓶 7 个,按表 4-3 所列的量,用吸量管取各种溶液加入容量瓶中,加蒸馏水稀释至刻度,摇匀。即配成一系列标准溶液及待测溶液。

表4-3　标准溶液及待测溶液

容量瓶编号	1(空白)	2	3	4	5	6	7 水样/10mL
标准铁溶液/mL	0	0.40	0.80	1.20	1.60	2.00	—
盐酸羟胺/mL	1.0	1.0	1.0	1.0	1.0	1.0	1.0
邻菲啰啉/mL	2.0	2.0	2.0	2.0	2.0	2.0	2.0
醋酸钠溶液/mL	5.0	5.0	5.0	5.0	5.0	5.0	5.0

4.11.4.2　吸光度的测定

按722型分光光度计的使用方法选择波长 $\lambda = 508$nm,用空白溶液调整仪器,然后测出所配一系列溶液的吸光度,记录结果。

4.11.4.3　绘制标准曲线

标准曲线中 Fe^{2+} 离子浓度(μmol/L)为横坐标,以吸光度(A)为纵坐标绘制标准曲线。

4.11.4.4　待测水样中 Fe^{2+} 离子浓度的测定

根据所测得的水样的吸光度,即可从标准曲线上查得其浓度。

4.11.5　思考题

(1)为什么要控制被测液的吸光度最好在0.15～0.7的范围内? 如何控制?

(2)由工作曲线查出的待测铁离子的浓度是否是原始待测液中铁离子的浓度?

附 录

附表1 化学试剂分级及标志

规 格	一级试剂	二级试剂	三级试剂	四级试剂
中文名称	优级纯（保证试剂）	分析纯	化学纯	实验试剂
代 号	GR	AR	CP	LP
标签颜色	绿 色	红 色	蓝 色	棕色或黄色
用途	纯度最高,杂质含量最少的试剂。适用于最精确分析及研究工作	纯度较高,杂质含量较低。适用于精确的微量分析工作,为分析实验室广泛使用	质量略低于二级试剂,适用于一般的微量分析实验,包括要求不高的工业分析和快速分析	纯度较低,但高于工业用的试剂,适用于一般定性检验

附表2 一些常用酸碱指示剂的性状、变色范围及配制方法

指示剂	性 状	颜 色		pH变色范围	配制方法	浓度/%
		酸	碱			
甲基橙	橙黄色粉末或晶状鳞片,溶于水和乙醇	红	橙黄	3.1~4.4	称取0.10g甲基橙,溶于70℃水中,冷却,用水稀释至100mL	0.1
甲基红	红紫色晶体或红色粉末,溶于乙醇或乙酸,不溶于水	红	黄	4.4~6.2	称取0.10g甲基红,溶于100mL 60%乙醇	0.1
石 蕊	蓝色粉末,能部分溶解于水和乙醇中,呈蓝色	红	蓝	5.0~8.0	称取0.1g石蕊,溶于50ml水中,静置一昼夜后过滤,在滤液中加入30mL 95%的乙醇,再加水稀释至100mL	1.0
酚 酞	白色或浅黄色粉状晶体,溶于乙醇和碱溶液,不溶于水	无色	桃红	8.2~10.0	称取1g酚酞,溶于60mL乙醇,再用蒸馏水定容100毫升	0.1

附表3 常见酸、碱、盐溶解度表（293K）

离子	OH^-	NO_3^-	Cl^-	SO_4^{2-}	Br^-	I^-	CO_3^{2-}	SO_3^{2-}	S^{2-}	SiO_3^{2-}	PO_4^{3-}	HCO_3^-
H^+		溶、挥	溶、挥	溶	溶、挥	溶、挥	溶、挥	溶、挥	溶、挥	微	溶	溶、挥
NH_4^+	溶、挥	溶	溶	溶	溶	溶	溶	溶	溶	水解	溶	溶
Li^+	溶	溶	溶	溶	溶	溶	微	溶	溶	溶	不	溶

离子	OH⁻	NO₃⁻	Cl⁻	SO₄²⁻	Br⁻	I⁻	CO₃²⁻	SO₃²⁻	S²⁻	SiO₃²⁻	PO₄³⁻	HCO₃⁻
Rb^+	溶	溶	溶	溶	溶	溶	溶	溶	溶	溶	微	溶
K^+	溶	溶	溶	溶	溶	溶	溶	溶	溶	溶	溶	溶
Cs^+	溶	溶	溶	溶	溶	溶	溶	溶	溶	溶	微	溶
Ba^{2+}	溶	溶	溶	不	溶	溶	不	不	溶	不	不	溶
Sr^{2+}	微	溶	溶	微	溶	溶	微	不	不	溶	不	溶
Ca^{2+}	微	溶	溶	微	溶	溶	不	不	微	不	不	溶
Na^+	溶	溶	溶	溶	溶	溶	溶	溶	溶	溶	溶	溶
Mg^{2+}	不	溶	溶	溶	溶	溶	微	微	水解	不	不	溶
Al^{3+}	不	溶	溶	溶	溶	溶	水解	水解	水解	不	不	水解
Be^{2+}	不	溶	溶	溶	水解	水解	不	不	水解	不	不	溶
Mn^{2+}	不	溶	溶	溶	溶	溶	微	不	不	不	不	溶
Zn^{2+}	不	溶	溶	溶	溶	溶	不	不	不	不	不	溶
Cr^{2+}	分解	溶	微	溶	溶	溶	水解	水解	水解	不	不	水解
Fe^{2+}	不	溶	溶	溶	溶	溶	不	不	不	不	不	溶
Fe^{3+}	不	溶	溶	溶	溶	氧化	水解	水解	氧化	不	不	水解
Cd^{2+}	不	溶	溶	溶	溶	溶	不	不	不	不	不	溶
Tl^+	溶	溶	微	溶	不	不	微	溶	溶	溶	不	溶
Ni^{2+}	不	溶	溶	溶	溶	溶	不	不	不	不	不	溶
Sn^{2+}	不	溶	溶	溶	溶	微	水解	水解	不	水解	不	水解
Pb^{2+}	不	溶	微	不	微	微	不	不	不	不	不	溶
Cu^{2+}	不	溶	溶	溶	溶	氧化	不	不	不	不	不	溶
Hg^{2+}	分解	溶	微	溶	微	不	水解	不	不	水解	不	水解
Ag^+	分解	溶	不	微	不	不	不	不	不			

注:"溶"表示溶解度大于 1g/100g 水;"微"表示溶解度为(0.01~1)g/100g 水;"不"表示溶解度小于 0.01g/100g 水;
"氧化"表示正、负离子间因发生氧化还原反应而不存在;"水解"表示因完全水解而不存在;"分解"表示遇水
分解。

附表 4　弱酸、弱碱的电离平衡常数 $K^\ominus$(298K)

附表 4-1　弱酸的离解常数

弱　酸	离　解　常　数
H_3AsO_4	$K_{a1}^\ominus = 6.3 \times 10^{-3}$; $K_{a2}^\ominus = 1.0 \times 10^{-7}$; $K_{a3}^\ominus = 3.2 \times 10^{-12}$
$HAsO_2$	$K_a^\ominus = 6.0 \times 10^{-10}$
H_3BO_3	$K_a^\ominus = 5.8 \times 10^{-10}$
$H_2B_4O_7$(焦硼酸)	$K_{a1}^\ominus = 1 \times 10^{-4}$; $K_{a2}^\ominus = 1 \times 10^{-9}$
H_2CO_3	$K_{a1}^\ominus = 4.3 \times 10^{-7}$; $K_{a2}^\ominus = 5.61 \times 10^{-11}$
$H_2C_2O_4$	$K_{a1}^\ominus = 5.90 \times 10^{-2}$; $K_{a2}^\ominus = 6.40 \times 10^{-5}$
HCN	$K_a^\ominus = 4.93 \times 10^{-10}$

弱　酸	离 解 常 数
H_2CrO_4	$K_{a1}^{\ominus}=1.8\times10^{-1}$；$K_{a2}^{\ominus}=3.20\times10^{-7}$
HF	$K_a^{\ominus}=6.6\times10^{-4}$
HIO_3	$K_a^{\ominus}=1.69\times10^{-1}$
HIO	$K_a^{\ominus}=2.3\times10^{-11}$
HNO_2	$K_a^{\ominus}=5.1\times10^{-4}$
NH_4^+	$K_a^{\ominus}=5.64\times10^{-10}$
H_2O_2	$K_a^{\ominus}=2.4\times10^{-12}$
CCl_3COOH	$K_a^{\ominus}=0.23$
$^+NH_3CH_2COOH$	$K_{a1}^{\ominus}=4.5\times10^{-3}$
$^+NH_3CH_2COO^-$	$K_{a2}^{\ominus}=2.5\times10^{-10}$
$CH_3CHOHCOOH$（乳酸）	$K_a^{\ominus}=1.4\times10^{-4}$
C_6H_5COOH	$K_a^{\ominus}=6.2\times10^{-5}$
$H_2C_4H_4O_6$（d - 酒石酸）	$K_{a1}^{\ominus}=9.1\times10^{-4}$；$K_{a2}^{\ominus}=4.3\times10^{-5}$
$H_2C_8H_4O_4$（邻苯二甲酸）	$K_{a1}^{\ominus}=1.1\times10^{-3}$；$K_{a2}^{\ominus}=3.9\times10^{-6}$
$H_3C_6H_5O_7$（柠檬酸）	$K_{a1}^{\ominus}=7.4\times10^{-4}$；$K_{a2}^{\ominus}=1.7\times10^{-5}$；$K_{a3}^{\ominus}=4.0\times10^{-7}$
C_6H_5OH	$K_a^{\ominus}=1.1\times10^{-10}$
H_6-EDTA^{2+}（乙二胺四乙酸）	$K_{a1}^{\ominus}=0.13$；$K_{a2}^{\ominus}=3\times10^{-2}$；$K_{a3}^{\ominus}=1\times10^{-2}$； $K_{a4}^{\ominus}=2.1\times10^{-3}$；$K_{a5}^{\ominus}=6.9\times10^{-7}$；$K_{a6}^{\ominus}=5.5\times10^{-11}$
H_3PO_4	$K_{a1}^{\ominus}=7.6\times10^{-3}$；$K_{a2}^{\ominus}=6.3\times10^{-8}$；$K_{a3}^{\oplus}=4.4\times10^{-13}$
$H_4P_2O_7$（焦磷酸）	$K_{a1}^{\ominus}=3.0\times10^{-2}$；$K_{a2}^{\ominus}=4.4\times10^{-3}$；$K_{a3}^{\ominus}=2.5\times10^{-7}$；$K_{a4}^{\ominus}=5.6\times10^{-10}$
H_3PO_3（亚磷酸）	$K_{a1}^{\ominus}=5.0\times10^{-2}$；$K_{a2}^{\ominus}=2.5\times10^{-7}$
H_2S	$K_{a1}^{\ominus}=1.3\times10^{-7}$；$K_{a2}^{\ominus}=7.1\times10^{-15}$
HSO_4^-	$K_a^{\ominus}=1.0\times10^{-2}$
H_2SO_3	$K_{a1}^{\ominus}=1.3\times10^{-2}$；$K_{a2}^{\ominus}=6.3\times10^{-8}$
HCOOH	$K_a^{\ominus}=1.77\times10^{-4}$
CH_3COOH	$K_a^{\ominus}=1.76\times10^{-5}$
$CH_2ClCOOH$	$K_a^{\ominus}=1.4\times10^{-3}$
$CHCl_2COOH$	$K_a^{\ominus}=5\times10^{-2}$

附表 4-2　弱碱的离解常数

弱　碱	离 解 常 数
$NH_3\cdot H_2O$	$K_b^{\ominus}=1.76\times10^{-5}$
H_2NNH_2（联氨）	$K_{b1}^{\ominus}=3.0\times10^{-6}$；$K_{b2}^{\ominus}=7.6\times10^{-15}$
NH_2OH（羟氨）	$K_b^{\ominus}=9.1\times10^{-9}$
CH_3NH_2（甲胺）	$K_b^{\ominus}=4.2\times10^{-4}$
$C_2H_5NH_2$（乙胺）	$K_b^{\ominus}=5.6\times10^{-4}$

弱　碱	离 解 常 数
$(CH_3)_2NH$（二甲胺）	$K_b^\ominus = 1.2 \times 10^{-4}$
$(C_2H_5)_2NH$（二乙胺）	$K_b^\ominus = 1.3 \times 10^{-3}$
$HOCH_2CH_2NH_2$（乙醇胺）	$K_b^\ominus = 3.2 \times 10^{-5}$
$(HOCH_2CH_2)_3N$（三乙醇胺）	$K_b^\ominus = 5.8 \times 10^{-7}$
$(CH_2)_6N_4$（六亚甲基四胺）	$K_b^\ominus = 1.4 \times 10^{-9}$
$H_2NCH_2CH_2NH_2$（乙二胺）	$K_{b1}^\ominus = 8.5 \times 10^{-5}$；$K_{b2}^\ominus = 7.1 \times 10^{-8}$
C_5H_5N（吡啶）	$K_b^\ominus = 1.7 \times 10^{-9}$
$AgOH$	$K_b^\ominus = 1 \times 10^{-2}$
$Al(OH)_3$	$K_{b1}^\ominus = 5 \times 10^{-9}$；$K_{b2}^\ominus = 2 \times 10^{-10}$
$Be(OH)_2$	$K_{b1}^\ominus = 1.78 \times 10^{-6}$；$K_{b2}^\ominus = 2.5 \times 10^{-9}$
$Ca(OH)_2$	$K_b^\ominus = 6 \times 10^{-2}$
$Zn(OH)_2$	$K_b^\ominus = 8 \times 10^{-7}$

附表 5　常见难溶电解质的溶度积 $K_{sp}^\ominus$（298K）

难溶电解质	$K_{sp}^\ominus$	难溶电解质	$K_{sp}^\ominus$
$AgAc$	4.4×10^{-3}	$BaSO_4$	1.1×10^{-10}
$AgBr$	5.0×10^{-13}	BaS_2O_3	1.6×10^{-5}
$AgCl$	1.8×10^{-10}	$Bi(OH)_3$	4.0×10^{-31}
Ag_2CO_3	8.1×10^{-12}	$BiOCl$	1.8×10^{-31}
$Ag_2C_2O_4$	3.40×10^{-11}	Bi_2S_3	1×10^{-97}
Ag_2CrO_4	1.12×10^{-12}	$CaCO_3$	2.8×10^{-9}
$Ag_2Cr_2O_7$	2.0×10^{-7}	$CaC_2O_4 \cdot H_2O$	4×10^{-9}
AgI	8.52×10^{-17}	$CaCrO_4$	7.1×10^{-4}
$AgIO_3$	3.0×10^{-8}	CaF_2	5.3×10^{-9}
$AgNO_2$	6.0×10^{-4}	$CaHPO_4$	1.0×10^{-7}
$AgOH$	2.0×10^{-8}	$Ca(OH)_2$	5.5×10^{-6}
Ag_3PO_4	1.4×10^{-16}	$Ca_3(PO_4)_2$	2.0×10^{-29}
Ag_2SO_4	1.4×10^{-5}	$CaSO_4$	9.1×10^{-6}
$Ag_2S(\alpha)$	6.3×10^{-50}	$CaSO_3 \cdot 0.5H_2O$	3.1×10^{-12}
$Ag_2S(\beta)$	1.09×10^{-49}	$CdCO_3$	5.2×10^{-12}
$Al(OH)_3$	1.3×10^{-33}	$CdC_2O_4 \cdot 3H_2O$	1.42×10^{-14}
$AuCl$	2.0×10^{-13}	$Cd(OH)_2$（新析出）	2.5×10^{-14}
$AuCl_3$	3.2×10^{-25}	CdS	8.0×10^{-27}
$Au(OH)_3$	5.5×10^{-46}	$CoCO_3$	1.4×10^{-15}
$BaCO_3$	5.1×10^{-9}	$Co(OH)_2$（桃红）	1.6×10^{-15}
BaC_2O_4	1.6×10^{-7}	$Co(OH)_2$（蓝）	5.92×10^{-44}
$BaCrO_4$	1.2×10^{-10}	$Co(OH)_3$	1.6×10^{-44}

难溶电解质	$K_{sp}^{\ominus}$	难溶电解质	$K_{sp}^{\ominus}$
BaF_2	1.0×10^{-6}	$CoS(\alpha)$（新析出）	4.0×10^{-21}
$Ba_3(PO_4)_2$	3.4×10^{-23}	$CoS(\beta)$（陈化）	2.0×10^{-25}
$BaSO_3$	8×10^{-7}	$Cr(OH)_3$	6.3×10^{-31}
$CuBr$	5.3×10^{-9}	$Mn(OH)_2$	1.9×10^{-13}
$CuCN$	3.2×10^{-20}	MnS（无定形）	2.5×10^{-10}
$CuCO_3$	1.4×10^{-10}	MnS（结晶）	2.5×10^{-13}
$CuCl$	1.2×10^{-6}	Na_3AlF_6	4.0×10^{-10}
$CuCrO_4$	3.6×10^{-6}	$NiCO_3$	6.6×10^{-9}
CuI	1.1×10^{-12}	$Ni(OH)_2$（新析出）	2×10^{-15}
$CuOH$	1.0×10^{-14}	$\alpha\text{-NiS}$	3.2×10^{-19}
$Cu(OH)_2$	2.2×10^{-20}	$\beta - NiS$	1.0×10^{-24}
$Cu_3(PO_4)_2$	1.30×10^{-37}	$\gamma - NiS$	2.0×10^{-26}
$Cu_2P_2O_7$	8.3×10^{-16}	$PbBr_2$	6.60×10^{-6}
CuS	6.3×10^{-36}	$PbCl_2$	1.6×10^{-5}
Cu_2S	2.5×10^{-48}	$PbCO_3$	7.4×10^{-14}
$FeCO_3$	3.2×10^{-11}	PbC_2O_4	4.8×10^{-10}
$FeC_2O_4 \cdot 2H_2O$	3.2×10^{-7}	$PbCrO_4$	2.8×10^{-13}
$Fe(OH)_2$	8.0×10^{-16}	PbF_2	7.12×10^{-7}
$Fe(OH)_3$	4.3×10^{-38}	PbI_2	7.1×10^{-9}
FeS	6.3×10^{-18}	$Pb(OH)_2$	1.2×10^{-15}
Hg_2Cl_2	1.3×10^{-18}	$Pb(OH)_4$	3.2×10^{-66}
Hg_2I_2	4.5×10^{-29}	$Pb_3(PO_4)_2$	8.0×10^{-40}
$Hg(OH)_2$	3.0×10^{-26}	$PbMoO_4$	1.0×10^{-13}
Hg_2S	1.0×10^{-47}	PbS	8×10^{-28}
HgS（红）	4.0×10^{-53}	$PbSO_4$	1.6×10^{-8}
HgS（黑）	1.6×10^{-52}	$Sn(OH)_2$	1.4×10^{-28}
Hg_2SO_4	7.4×10^{-7}	$Sn(OH)_4$	1×10^{-56}
KIO_4	3.71×10^{-4}	SnS	1.0×10^{-25}
$K_2[PtCl_6]$	1.1×10^{-5}	$SrCO_3$	1.1×10^{-10}
$K_2[SiF_6]$	8.7×10^{-7}	$SrC_2O_4 \cdot H_2O$	1.6×10^{-7}
Li_2CO_3	2.5×10^{-2}	$SrCrO_4$	2.2×10^{-5}
LiF	3.8×10^{-3}	$SrSO_4$	3.2×10^{-7}
$MgNH_4PO_4$	2.5×10^{-13}	$ZnCO_3$	1.4×10^{-11}
$MgCO_3$	3.5×10^{-8}	$ZnC_2O_4 \cdot 2H_2O$	1.38×10^{-9}
MgF_2	6.1×10^{-9}	$Zn(OH)_2$	1.2×10^{-17}
$Mg(OH)_2$	1.8×10^{-11}	$\alpha - ZnS$	1.6×10^{-24}
$MnCO_3$	1.8×10^{-11}	$\beta - ZnS$	2.5×10^{-22}

附表6　常用缓冲液的配制方法

附表6-1　磷酸盐缓冲液

pH 值 （18℃）	0.2mol/L Na₂HPO₄ 溶液/mL	0.2mol/L NaH₂PO₄ 溶液/mL	pH 值 （18℃）	0.2mol/L Na₂HPO₄ 溶液/mL	0.2mol/L NaH₂PO₄ 溶液/mL
5.8	8.0	92.0	7.0	61.0	39.0
5.9	10.0	90.0	7.1	67.0	33.0
6.0	12.3	87.7	7.2	72.0	28.0
6.1	15.0	85.5	7.3	77.0	23.0
6.2	18.5	81.5	7.4	81.0	19.0
6.3	22.5	77.5	7.5	84.0	16.0
6.4	26.5	73.5	7.6	87.0	13.0
6.5	31.5	68.5	7.7	89.5	10.5
6.6	37.5	62.5	7.8	91.5	8.5
6.7	43.5	56.5	7.9	93.0	7.0
6.8	49.0	51.0	8.0	94.7	5.3
6.9	55.0	45.0			

附表6-2　醋酸-醋酸钠缓冲液（0.2mol/L）

pH 值 （18℃）	0.2mol/L NaAc 溶液/mL	0.2mol/L HAc 溶液/mL	pH 值 （18℃）	0.2mol/L NaAc 溶液/mL	0.2mol/L NaAc 溶液/mL
3.6	0.75	9.25	4.8	5.90	4.10
3.8	1.20	8.80	5.0	7.00	3.00
4.0	1.80	8.20	5.2	7.90	2.10
4.2	2.65	7.35	5.4	8.60	1.40
4.4	3.70	6.30	5.6	9.10	0.90
4.6	4.90	5.10	5.8	9.40	0.60

附表6-3　巴比妥钠-盐酸缓冲液

pH 值 （18℃）	0.04mol/L 巴比妥钠 溶液/mL	0.2mol/L 盐酸/mL	pH 值 （18℃）	0.04mol/L 巴比妥钠 溶液/mL	0.2mol/L 盐酸/mL
6.8	100	18.4	8.4	100	5.21
7.0	100	17.8	8.6	100	3.82
7.2	100	16.7	8.8	100	2.52
7.4	100	15.3	9.0	100	1.65
7.6	100	13.4	9.2	100	1.13
7.8	100	11.47	9.4	100	0.70
8.0	100	9.39	9.6	100	0.35
8.2	100	7.21			

附表 6-4　柠檬酸-柠檬酸钠缓冲液（0.1mol/L）

pH 值 (18°C)	0.1mol/L 柠檬酸 溶液/mL	0.1mol/L 柠檬酸钠 溶液/mL	pH 值 (18℃)	0.1mol/L 柠檬酸 溶液/mL	0.1 柠檬酸钠 溶液/mL
3.0	18.6	1.4	5.0	8.2	11.8
3.2	17.2	2.8	5.2	7.3	12.7
3.4	16.0	4.0	5.4	6.4	13.6
3.6	14.9	5.1	5.6	5.5	14.5
3.8	14.0	6.0	5.8	4.7	15.3
4.0	13.1	6.9	6.0	3.8	16.2
4.2	12.3	7.7	6.2	2.8	17.2
4.4	11.4	8.6	6.4	2.0	18.0
4.6	10.3	9.7	6.6	1.4	18.6
4.8	9.2	10.8			

附表 7　鉴定阳离子的主要化学反应表

离子	试剂	鉴定反应	条件
NH_4^+	NaOH	$NH_4^+ + OH^- = NH_3\uparrow + H_2O$ 使润湿的红色石蕊试纸变蓝	强碱性介质
Pb^{2+}	K_2CrO_4	$Pb^{2+} + CrO_4^{2-} = PbCrO_4\downarrow$（黄）	HAc 介质
Al^{3+}	铝试剂	形成红色絮状沉淀	微酸性介质加热
Ba^{2+}	K_2CrO_4	$Ba^{2+} + CrO_4^{2-} = BaCrO_4\downarrow$（黄）	中性或酸性介质
Cr^{3+}	H_2O_2 $Pb(NO_3)_2$	$Cr^{3+} + 4OH^- = Cr(OH)_4^-$ $2Cr(OH)_4^- + 3H_2O_2 + 2OH^- = 2CrO_4^{2-} + 8H_2O$ $CrO_4^{2-} + Pb^{2+} = PbCrO_4\downarrow$（黄） $CrO_4^{2-} + 4H_2O_2 + 2H^+ = 2CrO_5$（蓝）$+ 5H_2O$	碱性介质酸性 介质戊醇萃取
Mn^{2+}	$NaBiO_3$	$2Mn^{2+} + 5NaBiO_3 + 14H^+ = 2MnO_2 + 5Na^+ + 5Bi^{3+} + 7H_2O$	HNO_3 或 H_2SO_4 介质
Fe^{3+}	KNCS	$Fe^{3+} + nNCS^- = [Fe(NCS)_n]^{3-n}$（血红）（$n\leq6$）	酸性介质
Co^{2+}	饱和 NH_4SCN	$Co^{2+} + 4NCS^- = [Co(NCS)_4]^{2-}$（蓝色）	酸性介质 NaF 丙醇萃取
Ni^{2+}	丁二酮肟	$Ni^{2+} + 2$ 鲜红色↓	$NH_3\cdot H_2O$ 介质
Cu^{2+}	$K_4[Fe(CN)_6]$ $NH_3\cdot H_2O$	$2Cu^{2+} + [Fe(CN)_6]^{4-} = Cu_2[Fe(CN)_6]\downarrow$（红褐色） $Cu^{2+} + 4NH_3 = [Cu(NH_3)_4]^{2+}$（深蓝）	中性或酸性介质 $NH_3\cdot H_2O$ 介质
Ag^+	HCl $NH_3\cdot H_2O$	$Ag^+ + Cl^- = AgCl\downarrow$（白） $AgCl + 2NH_3 = [Ag(NH_3)_2]^+ + Cl^-$	

附表8　两酸两碱系统分离鉴定离子示意图

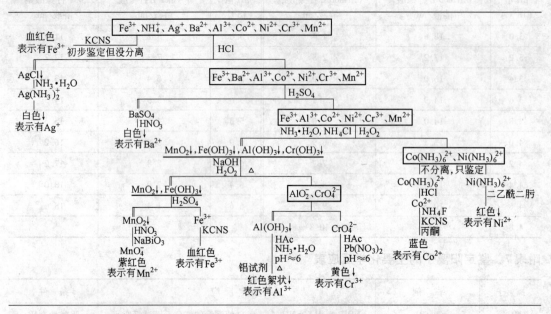

注：↓为有沉淀生成；△为加热。

附表9　常见配离子的稳定常数 $K_{稳}^{\ominus}$（298.15K）

配离子	稳定常数 $K_{稳}^{\ominus}$	$\lg K_{稳}^{\ominus}$	配离子	稳定常数 $K_{稳}^{\ominus}$	$\lg K_{稳}^{\ominus}$
*$[AgCl_2]^-$	1.1×10^5	5.04	$[Cu(NH_3)_2]^+$	7.4×10^{10}	10.87
*$[AgI_2]^-$	5.5×10^{11}	11.74	$[Cu(NH_3)_4]^{2+}$	4.8×10^{12}	12.68
$[Ag(CN_2)]^-$	5.6×10^{18}	18.74	$[Fe(C_2O_4)_3]^{3-}$	10^{20}	20
$[Ag(NH_3)_2]^+$	1.7×10^7	7.23	$[FeF_6]^{3-}$	2×10^{15}	15.3
$[Ag(S_2O_3)_2]^{3-}$	1.7×10^{13}	13.22	$[Fe(CN)6]^{4-}$	10^{35}	35
$[AlF_6]^{3-}$	6.9×10^{19}	19.84	$[Fe(CN)_6]^{3-}$	10^{42}	42
$[AuCl_4]^-$	2×10^{21}	21.3	$[Fe(SCN)_6]^{3-}$	1.3×10^9	9.10
$[Au(CN)_2]^-$	2.0×10^{38}	38.3	$[HgCl_4]^{2-}$	9.1×10^{15}	15.96
$[CdI_4]^{2-}$	2×10^6	6.3	$[HgI_4]^{2-}$	1.9×10^{30}	30.28
$[Cd(CN)_4]^{2-}$	7.1×10^{18}	18.85	$[Hg(CN)_4]^{2-}$	2.5×10^{41}	41.40
$[Cd(NH_3)_4]^{2+}$	1.3×10^7	7.12	$[Hg(NH_3)_4]^{2+}$	1.9×10^{19}	19.28
*$[Co(NCS)_4]^{2-}$	1.0×10^3	3.00	$[Hg(SCN)_4]^{2-}$	2×10^{19}	19.3
$[Co(NH_3)_6]^{2+}$	8.0×10^4	4.90	$[Ni(CN)_4]^{2-}$	10^{22}	22
$[Co(NH_3)_6]^{3+}$	4.6×10^{33}	33.66	*$[Ni(en)_3]^{2+}$	2.1×10^{18}	18.33
*$[CuCl_2]^-$	3.2×10^5	5.50	$[Ni(NH_3)_6]^{2+}$	5.6×10^8	8.74
$[CuBr_2]^-$	7.8×10^5	5.89	$[Zn(CN)_4]^{2-}$	7.8×10^{16}	16.89

续附表 9

配离子	稳定常数 $K_稳^\ominus$	$\lg K_稳^\ominus$	配离子	稳定常数 $K_稳^\ominus$	$\lg K_稳^\ominus$
* $[CuI_2]^-$	7.1×10^8	8.85	$[Zn(en)_2]^{2+}$	6.8×10^{10}	10.83
$[Cu(CN)_2]^-$	1×10^{16}	16.0	$[Zn(NH_3)_4]^{2+}$	2.9×10^9	9.47
$[Cu(CN)_4]^{3-}$	1.0×10^{30}	30.00			
* $[Cu(en)_2]^{2+}$	1.0×10^{20}	20.00			

注:本书采用的配离子稳定常数,除另加说明外,均引自 W. Atimer, Oxidation Potentials, 2nd ed. (1952);本表标有 * 符号的数据引自 J. A. Dean,"Lange's Handbook of Chemistry", Tab. 5-15, 12th ed. (1979); en 为乙二胺 $H_2N(CH_2)NH_2$ 的代用符号。

参 考 文 献

［1］　胡伟光. 无机化学. 北京：化学工业出版社，2003.

［2］　索陇宁. 化学实验技术. 北京：高等教育出版社，2006.

［3］　伍百奇. 化学分析实训. 北京：高等教育出版社，2006.

［4］　初玉霞. 化学实验技术. 北京：高等教育出版社，2006.

［5］　高职高专教材编写组. 无机化学实验. 北京：高等教育出版社，2004.

［6］　邓基芹. 无机化学. 北京：冶金工业出版社. 2009.

冶金工业出版社部分图书推荐

书　名	作　者	定价(元)
传热学（本科教材）	任世铮　编著	20.00
物理化学（第3版）(国规教材)	王淑兰　主编	35.00
物理化学习题解答（本科教材）	王淑兰　等编	18.00
相图分析及应用（本科教材）	陈树江　等编	20.00
冶金热工基础（本科教材）	朱光俊　主编	36.00
热工实验原理和技术（本科教材）	邢桂菊　等编	25.00
冶金原理（本科教材）	韩明荣　主编	35.00
钢铁冶金原理习题解答（本科教材）	黄希祐　编	30.00
钢铁冶金学教程（本科教材）	包燕平　等编	49.00
炉外处理（本科教材）	陈建斌　主编	39.00
有色冶金概论（第2版）(本科教材)	华一新　主编	30.00
连续铸钢（本科教材）	贺道中　主编	30.00
冶金技术概论（高职高专规划教材）	王庆义　主编	28.00
冶金专业英语（高职高专国规教材）	侯向东　主编	28.00
物理化学（高职高专规划教材）	邓基芹　主编	28.00
物理化学实验（高职高专规划教材）	邓基芹　主编	19.00
无机化学（高职高专规划教材）	邓基芹　主编	33.00
选矿原理与工艺（高职高专规划教材）	于春梅　等编	28.00
金属材料及热处理（高职高专规划教材）	王悦祥　等编	35.00
冶金原理（高职高专规划教材）	卢宇飞　主编	36.00
铁合金生产工艺与设备（高职高专规划教材）	刘　卫　主编	39.00
烧结矿与球团矿生产（高职高专规划教材）	王悦祥　主编	29.00
高炉炼铁工艺及设备（高职高专规划教材）	郑金星　主编	估40.00
炼钢工艺及设备（高职高专规划教材）	郑金星　等编	估40.00
炉外精炼（高职高专规划教材）	高泽平　等编	30.00
矿热炉控制与操作（高职高专规划教材）	石　富　主编	37.00
稀土冶金技术（高职高专规划教材）	石　富　主编	36.00
稀土永磁材料制备技术（高职高专规划教材）	石　富　主编	29.00
火法冶金——粗金属精炼技术（高职高专规划教材）	刘自力　主编	18.00
湿法冶金——净化技术（高职高专规划教材）	黄　卉　主编	15.00
湿法冶金——浸出技术（高职高专规划教材）	刘洪萍　主编	18.00
氧化铝制取（高职高专规划教材）	刘自力　等编	18.00
氧化铝生产仿真实训（高职高专规划教材）	徐　征　等编	20.00
金属铝熔盐电解（高职高专规划教材）	陈利生　等编	18.00